José Antonio García Gamuz
José Antonio Ibañez
Ramón P. Valerdi

Caracterización hidrodinámica de sistemas biónicos

José Antonio García Gamuz
José Antonio Ibañez
Ramón P. Valerdi

Caracterización hidrodinámica de sistemas biónicos

Utilización de membranas selectivas

PUBLICIA

Imprint

Cover image: www.ingimage.com

Publisher:
PUBLICIA
is a trademark of
International Book Market Service Ltd., member of OmniScriptum Publishing Group
17 Meldrum Street, Beau Bassin 71504, Mauritius
Printed at: see last page
ISBN: 978-3-8416-8424-0

CARACTERIZACIÓN HIDRODINÁMICA DE SISTEMAS BIÓNICOS.
RESPUESTA ELÉCTRICA DE LOS MISMOS EN AUSENCIA DE FUERZAS GENERALIZADAS.

D. José Antonio García Gamuz

2020

PRESENTACIÓN

En este texto se pretende establecer un modelo para la caracterización de membranas selectivas en sistemas bi-iónicos en condiciones hidrodinámicas estables.

Desde el punto de vista experimental, se han añadido fuentes, se ha efectuado el desarrollo y puesta a punto de un dispositivo capaz de testar el modelo teórico, que requiere de diversos aparatos para medida y control, además de un equipamiento electrónico adecuado.

De acuerdo con lo expuesto, el trabajo consta de dos partes, una teórica y otra experimental:

Parte teórica. Compuesta por los capítulos 1 y 2, en la que se establecen la naturaleza y propiedades de las membranas de intercambio iónico, así como conceptos y ecuaciones que intervienen en su caracterización, desarrollando el modelo teórico que nos sirve para ella.

Parte experimental. Capítulo 3, se hace una descripción de los empleados, su manejo y procedimiento de operación, así como la exposició n de los resultados obtenidos.

Por último, será de agradecer cualquier crítica o sugerencia que pueda incidir en la mejora de la calidad de la obra.

Murcia, Abril de 2020

INDICE

Introducción

1. MEMBRANAS.

El término membrana designa un sistema cuyo espesor es muy pequeño comparado con su superficie, que separa dos fases macroscópicas, respecto de las que ejerce un control selectivo de las transferencias de materia y energía entre ellas **[Ibáñez-1997]**. El estudio de los fenómenos que tienen lugar a través de las membranas, se articula sobre el análisis de las ecuaciones fenomenológicas de flujo, que relacionan los flujos de las especies que aquellas separan (flujos salinos, iónicos, de volumen,…), y las llamadas fuerzas generalizadas que los producen (gradientes de presión, potencial eléctrico, concentración,…) **[Valerdi-1999, Matsumoto-2007]**.

En los procesos de separación con membranas se pueden emplear dos métodos de filtración. En uno, la filtración se efectúa perpendicularmente al medio filtrante, de manera que toda la disolución a tratar atraviesa la membrana, generando una única corriente de salida. En el otro, una corriente de alimentación presurizada, fluye tangencialmente a la superficie de la membrana; una parte de esta corriente atraviesa la membrana (permeado o producto), mientras que la otra genera una corriente de concentrado (rechazo), que contiene las partículas no filtradas. En este segundo procedimiento, y debido al flujo continuo paralelo a la membrana, el acúmulo de soluto rechazado sobre ésta, se minimiza.

La corriente de alimentación se somete al efecto de fuerzas generalizadas, bajo cuya influencia, las membranas permiten el paso de algunos componentes e impiden el de otros.

a) Consideraciones generales.

Hay dos formas según las cuales los diferentes componentes de las fases en contacto con una membrana pueden pasar a su través:

a) Mediante disolución en una cara de la membrana, y posterior liberación en la otra, con la consiguiente disolución en la correspondiente fase externa.

b) Pasando a través de poros (llenos de agua o disolución), que forman parte de la estructura interna de la membrana.

En cualquier caso, el proceso está gobernado por las propiedades tanto de la membrana, como de las disoluciones en contacto con ella. Las propiedades que más influyen en el proceso de transporte o permeación son: el espesor; la solubilidad de las especies permeantes en la membrana; la carga eléctrica de ésta, así como el signo y densidad de la misma, cuando se trata de permeantes cargados; el ancho y tortuosidad de los poros, así como y la carga y movilidad de los iones transportados a través de los mismos.

El transporte másico a través de una membrana, puede deberse a difusión de las moléculas de las fases externas, o a un flujo convectivo, provocado por un campo eléctrico, o por un gradiente de concentración, temperatura o presión, actuando separada o simultáneamente **[Fievet-2006]**.

Las membranas artificiales no aportan por sí mismas fuerza generalizada alguna al proceso de transporte, por lo que éste se denomina *pasivo*.

b) Fuerzas y flujos generalizados a través de membranas.

Los procesos de transporte son procesos de no equilibrio, y como tales se describen convencionalmente mediante ecuaciones fenomenológicas, que relacionan el flujo con su correspondiente fuerza generalizada, y que bajo ciertas condiciones adoptan la forma de proporción **[Nikonenko-2002]**. La primera Ley de Fick, por ejemplo, describe la relación entre flujo de materia y gradiente de concentración, siendo la constante de proporcionalidad el coeficiente de difusión; la ley de Ohm plasma la relación entre una corriente eléctrica y un gradiente de potencial eléctrico, mientras que la ley de Fourier vincula el calor trasportado con el gradiente de temperatura.

Con frecuencia, también tiene lugar un acoplamiento entre flujos, de modo que el flujo de un componente va acompañado del de otro. Ejemplo de este acoplamiento lo constituye el flujo de agua que acompaña a los iones de una disolución acuosa, cuando son transportados a través de una membrana, merced a la acción de una diferencia de potencial eléctrico.

Entre los procesos de transporte y separación con membranas, solamente tienen importancia práctica aquellas fuerzas generalizadas que dan lugar a flujos significativos de materia, y corresponden a diferencias de presión, de concentración y de potencial eléctrico a través de la membrana:

- Una diferencia de presión entre dos fases separadas por una membrana, da lugar a un flujo de volumen, y puede conducir a una separación de especies químicas, cuando sus correspondientes permeabilidades hidrodinámicas en la membrana difieran de forma significativa.
- Un gradiente de concentración a través de una membrana provoca un flujo de masa, propiciando la separación de especies químicas distintas, si las difusividades de éstas en el seno de la membrana adoptan valores diferentes.
- Un gradiente de potencial eléctrico, puede igualmente producir un transporte de materia y la separación de especies químicas cargadas, cuando

las movilidades de éstas dentro de la membrana sean suficientemente diferentes.

c) Clasificación de las Membranas.

Las membranas sintéticas se clasifican de acuerdo con lo expuesto en la Tabla 1.

Tabla 1

Clasificación de las membranas sólidas

ATENDIENDO A	**TIPO**	
Espesor	Gruesas (>1 µm) Delgadas (<1 µm)	
Estructura	Porosas Densas	Simétricas Asimétricas
Composición	Homogéneas Heterogéneas	
Carga	Intercambiadoras de aniones (+) Intercambiadoras de cationes (-)	

Las membranas **gruesas** tienen un espesor macroscópico, en tanto que las **delgadas** pueden llegar a tener espesores comparables a las dimensiones moleculares.

En cuanto a su estructura, las membranas pueden ser **porosas** y **densas**. Las primeras consisten en una matriz sólida con agujeros definidos o poros; representan la forma más simple de membrana, en lo que respecta a las propiedades de transporte y modo de separación, que se efectúa estrictamente por tamización de los poros en relación al tamaño de las partículas. Este tipo de membranas se fabrica en diferentes materiales, como óxidos metálicos, grafito o polímeros, siendo las más sencillas de vidrio sinterizado, preparado a partir de óxidos de silicio o de aluminio, pudiéndose también conseguir con polímeros pulverizados. Atendiendo al tamaño de sus poros, las membranas se clasifican como de **poro ancho** (diámetro de poro entre 10 nm y 50 µm), y de **poro fino** (diámetro entre 1 y 10 nm). Algunas de estas membranas poseen poros cilíndricos casi perfectos y paralelos entre sí, y se obtienen a partir de una capa polimérica, de espesor entre 10 y 20 µm, que se somete a la acción de un haz colimado de partículas, que dejan a su paso una traza sensibilizada, que luego se convierte en poro mediante un baño ácido.

En las **membranas densas,** el pemeante debe pasar a través de la materia que constituye la membrana propiamente dicha, por lo que se produce una separación a nivel molecular entre las especies disueltas y las partículas del disolvente. Se les llama también **membranas semipermeables o**

permselectivas, y se emplean para separar mezclas de gases o de líquidos, y también en los procesos de desalinización por ósmosis inversa.

También desde el punto de vista estructural, las membranas pueden catalogarse como **simétricas** o **asimétricas**. Las primeras exhiben las mismas características fisico-químicas en cualquier parte de ellas. Las membranas asimétricas se emplean fundamentalmente en procesos que involucran gradientes de presión elevados, y su estructura consiste en una capa polimérica muy delgada, situada sobre una capa gruesa altamente porosa, que actúa exclusivamente como soporte, sin afectar a las características separadoras del sistema. Estas membranas comportan una importante ventaja respecto a las simétricas, consistente en que la retención de las partículas tienen lugar sobre la superficie, sin que penetren en su estructura interna, de modo que pueden ser retiradas de allí, mediante desplazamiento de disolución tangencialmente a la membrana.

Una membrana se dice homogénea, cuando toda ella participa en el proceso de permeación de una sustancia; mientras que se califica como heterogénea, cuando el componente activo que propicia el proceso de transporte, está anclado sobre un soporte adecuado, para **membranas sólidas**, o disuelto en una fase líquida, que puede presentarse como tal, o estar embebida en una matriz polimérica. Estos dos últimos casos corresponden a las llamadas **membranas líquidas** (de capa o emulsionadas en el primer caso, y soportadas en el segundo). A veces, las capas líquidas desprovistas de portadores específicos, pueden actuar como películas homogéneas que permean exclusivamente por efectos de solubilidad, pudiéndose emplear para separar especies químicas de tamaño similar, siempre y cuando que su solubilidad en la película difiera significativamente.

En cuanto a las **membranas intercambiadoras o selectivas**, aquellas que poseen carga positiva actúan como **intercambiadoras de aniones**, pues contienen grupos catiónicos fijos en su matriz, que ligan a los aniones de los fluidos en contacto con ella; por el contrario, si los grupos cargados fijos en la membrana son de tipo aniónico, la membrana actúa como **intercambiadora de cationes**. Así pues, los procesos de separación con este tipo de membranas, se basan en la exclusión de los **similiones**, o sea de los iones cuya carga es del mismo signo que la carga de la membrana.

Cuando una membrana intercambiadora entra en contacto con una disolución acuosa de tipo electrolítico, el contenido de electrólito en la membrana, depende de la densidad de carga eléctrica en la misma, y de las concentraciones de las disoluciones en contacto con ella. La doble capa eléctrica formada sobre las paredes de los poros tiene una concentración muy grande de **contraiones** (iones cuya carga es de signo contrario al de la membrana). Cuando las disoluciones extramembranosas son diluidas, y los poros son tan finos que el espesor de la doble capa es comparable con el radio de los mismos, entonces los contraiones están en claro exceso frente a los similiones, en el interior de los poros. En el caso extremo en el que la doble capa eléctrica llene por completo los poros, en el interior de éstos, y a efectos prácticos, sólo habrá presentes contraiones, por lo que serán los únicos iones permeables a través de la membrana en estas condiciones, por lo que el transporte de carga eléctrica se debe exclusivamente a los contraiones, que exhibirán un valor 1 para su número de transporte. Por el contrario, si las disoluciones son más concentradas y los poros más anchos, el exceso de contraiones sobre similiones puede llegar a ser despreciable, mostrando entonces la membrana un efecto similar sobre ambos tipos de iones.

Las membranas selectivas están constituidas por una matriz polimérica, a la que se han unido de forma covalente grupos ionizables, los cuales deben estar suficientemente disociados para crear una carga eléctrica neta sobre la matriz. Poseen espesores típicos entre 100 y 500 μm, y cuando están en contacto con el agua o disoluciones acuosas, se empapan de agua en una cantidad que depende de la concentración de grupos ionizados sobre la matriz, y de la superposición de los caracteres hidrofílico e hidrofóbico del material polimérico que la constituye. Si la densidad de grupos iónicos fuese suficientemente grande, y la matriz polimérica fuese suficientemente hidrofílica, podría llegarse a la completa disolución de la membrana, lo cual se evita mediante la introducción, en una de las etapas del proceso de fabricación, de eslabones químicos que ligan las cadenas poliméricas de la matriz. Cuando la matriz es hidrofóbica no son necesarios los eslabones mencionados, y el grado de empapamiento está determinado por la concentración de grupos iónicos sobre la matriz.

d) Procesos de separación con membranas.

La tecnología de separación con membranas, tiene como base el hecho de que los componentes de las mezclas líquidas o gaseosas, de acuerdo con sus características moleculares, pueden pasar selectivamente a través de una membrana determinada, bajo ciertas condiciones operacionales, de modo que los procesos basados en esta tecnología, permiten la separación (o la concentración) a nivel molecular y de pequeñas partículas **[Yaroschchuk-2000]**.

Los procesos que ya han alcanzado nivel de aplicación industrial, son los siguientes: **microfiltración, ultrafiltración, ósmosis inversa, diálisis, electrodiálisis, permeación de gases y pervaporación.** En la Tabla 2 se caracterizan estos procesos atendiendo a la fuerza generalizada que provoca la separación, y a la naturaleza del material retenido y del material permeado. A continuación se hacen algunos comentarios sobre ellos.

1) *Microfiltración y Ultrafiltración.* En ambos procesos dirigidos por presión, se emplea el tamaño del soluto para separar partículas por efecto tamiz. Las membranas empleadas en ultrafiltración poseen poros que se sitúan en el rango comprendido entre 1 y 100 nm, y en la mayoría de los casos son asimétricas, mientras que las de microfiltración exhiben un rango de poro entre 100 nm y 10 μm. En la microfiltración **[Ding-2002]** se emplean membranas simétricas microporosas, y la diferencia de presión a aplicar para llevar a cabo el proceso, está entre 0,1 y 2 atm, mientras que en la ultrafiltración son necesarias presiones entre 1 y 10 atm. En la microfiltración se separan partículas con diámetro en el rango de 0,2 μm a 10 μm del disolvente, y otros componentes de bajo peso molecular, de modo que coloides grandes y materiales en suspensión, tales como células, son retenidos por la membrana. En la ultrafiltración los componentes que se separan son verdaderas moléculas o pequeñas partículas no mayores que 0,2 μm de diámetro, lo que corresponde al límite de resolución del microscopio óptico; a través de sus membranas pasan pequeños solutos, pero se retienen macromoléculas, coloides y algunas especies cargadas. Las membranas de ultrafiltración tienen a menudo una porosidad baja (en general<10%), mientras que las de microfiltración, tienen usualmente una porosidad alta (>50%). Las presiones osmóticas de las disoluciones a tratar en ambos procesos, son despreciablemente pequeñas frente a las presiones de operación. Los tipos de membranas utilizados en estos procesos se indican en la Tabla 3.

2) Cuando las moléculas a separar son muy pequeñas (p.e. partículas de masa molecular entre 2000 y 3000), la presión osmótica se hace importante y no puede despreciarse frente a la diferencia de presión aplicada. El proceso de separación requerido es la *ósmosis inversa*, en el cual los tamaños de partículas separadas pueden ser del mismo orden de magnitud. La presión osmótica de la disolución a procesar puede ser bastante alta, y tiene que ser superada por la diferencia de presión aplicada, que suele variar en el rango comprendido entre 10 y 100 atm.

La OI emplea membranas permeables al agua, pero no a las sales disueltas y otras especies de mayor masa molecular; estas membranas son asimétricas, con una capa densa (poros <1 nm) sobre un soporte poroso, que permite el transporte de agua, a través de los intersticios entre sus cadenas poliméricas. El efecto de exclusión de los iones, se debe a que estos no pueden atravesar libremente en la membrana densa, debido a que están solvatados por moléculas de agua.

También en la *separación de gases* y en la *pervaporación*, se emplean membranas densas, por lo que en éstos procesos la separación también se produce por efecto de exclusión, por parte de la membrana, así como por diferencias en la difusividad a través de la misma. La fuerza generalizada determinante es una diferencia de presión hidrostática en los casos de ósmosis inversa y separación de gases, mientras que en la pervaporación es un gradiente de presión parcial del componente a separar.

3) La electrodiálisis emplea membranas selectivas para separar iones de moléculas neutras. Los iones se transportan mediante un mecanismo de difusión provocado por la aplicación de un campo eléctrico.

La Tabla 4 indica el orden de los tamaños de las partículas a separar en los distintos procesos con membranas. En la Tabla 5 se recogen las principales aplicaciones de estos procesos.

Tabla 2

Procesos más relevantes con membranas.

PROCESO	FUERZA GENERALIZADA	MATERIALES QUE PASAN	MATERIAL RETENIDO	TIPO DE MEMBRANA
MICROFILTRACIÓN	Diferencias de Presión (hasta 2 atm)	Disolventes y Especies Disueltas	Materiales en Suspensión	Simétrica Porosa
ULTRAFILTRACIÓN	Diferencias de Presión (1 a 10 atm)	Disolvente y Sales	Materia Biológica, Coloides y Macromoléculas	Asimétrica Porosa
ÓSMOSIS INVERSA	Diferencias de Presión (10 a 100 atm)	Disolvente	Aprox. Todos los Materiales Disueltos o en Suspensión	Compuesta
PERMEACIÓN DE GASES	Diferencias de Presión (1 a 100 atm)	Gases y Vapores	Gases y Moléculas a los que la Membrana es Impermeable	Asimétrica de un Polímero Homogéneo
DIÁLISIS	Diferencias de Concentración	Iones y Sustancias Orgánicas de Bajo Peso Molecular	Solutos con Masas Moleculares Superiores a 1000	Simétrica Porosa
PERVAPORACIÓN	Diferencias de Presión Parcial (0 a 1 atm)	Separación de Componentes de Mezclas Líquidas		Asimétrica de un Polímero Homogéneo
ELECTRODIÁLISIS	Diferencias de Potencial Eléctrico (1-2 V/ célula electrolítica)	Iones	Todas las Especies no Iónicas y Macromoléculas	Intercambiadora

Tabla 3

Tipos de membranas utilizados en los procesos de MF y UF.

<table>
<tr><th colspan="3">Membranas de Microfiltración (MF)</th></tr>
<tr><th>TIPO DE MF</th><th colspan="2">MATERIAL</th></tr>
<tr><td>Microfiltración
> 1 µm</td><td colspan="2">Termoplásticos
Tamices Electroformados</td></tr>
<tr><td rowspan="2">Microfiltración
< 1 µm</td><td>Membranas de Naturaleza Mineral (MF Tangencial)</td><td>Tubos Unitarios
Elementos Multicanales</td></tr>
<tr><td>Membranas de Naturaleza Orgánica (MF Tangencial y Transversal)</td><td>Membranas Polimerizadas obtenidas por:
Desolvatación
Tratamiento radioquímico</td></tr>
</table>

<table>
<tr><th colspan="4">Membranas de Ultrafiltración</th></tr>
<tr><td colspan="4">Ultrafiltros de Derivados Celulósicos
($pH \in [1,10]$, temperatura<50ºC)</td></tr>
<tr><td colspan="2">Policondensados Aromáticas</td><td colspan="2">Polímeros Sintéticos</td></tr>
<tr><td>Poliamida</td><td>Polisulfona</td><td>Derivados de Poliestireno</td><td>Copolímeros de Poliacrilonitrilo</td></tr>
</table>

Tabla 4
Tamaños de Impurezas y Rangos de Aplicación de las Tecnologías de Membranas

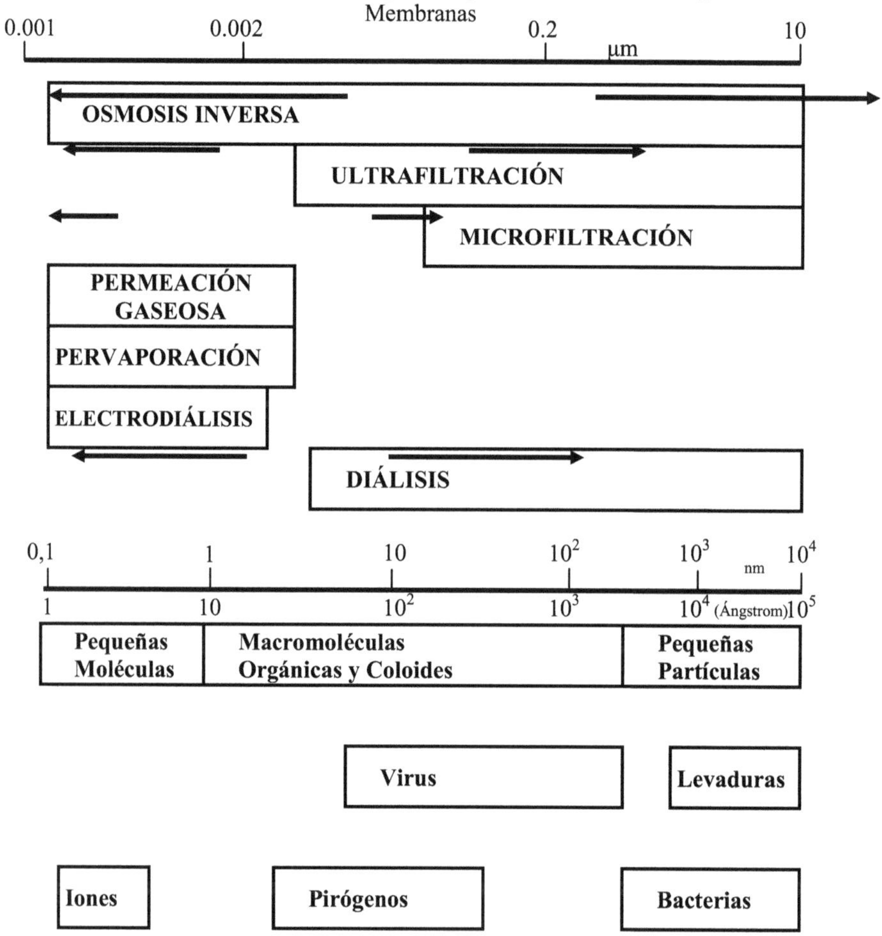

Tabla 5
Principales Aplicaciones de los Procesos con Membranas

PROCESO	APLICACIONES
MICROFILTRACIÓN	Clarificación y esterilización de aguas Clarificación de líquidos alimentarios (vinos, jugos,…) Aplicaciones biotecnológicas (reciclaje de células,…)
ULTRAFILTRACIÓN	Concentración de proteinas del lactoserum y de la leche Separación de emulsiones agua-aceite Recuperación de aceites mecánicos Tratamiento de baños de pintura por electroforesis Tratamiento de jugos de frutas
ÓSMOSIS INVERSA	Desalinización de aguas salobres y de mar Preparación de agua ultrapura para las industrias electrónica y farmacéutica Industria agroalimentaria (concentración del lactoserum, tratamiento de efluentes del café, desalcoholización de la cerveza, concentración de zumos de frutas,…) Aplicaciones biotecnológicas
PERMEACIÓN DE GASES	Separación de gases y vapores
DIÁLISIS	Separación de componentes de bajo peso molecular en disoluciones macromoleculares y suspensiones
PERVAPORACIÓN	Separación de disolventes y mezclas azeotrópicas
ELECTRODIÁLISIS	Desalinización de aguas Desacidificación de disoluciones con componentes neutros Recuperación de metales Depuración de baños industriales Aplicaciones agroalimentarias

2. DISOLUCIONES ACUOSAS. PROPIEDADES BÁSICAS.

Como es bien sabido, al disolverse una sal, ésta se disocia liberando cationes y aniones, los cuales y debido a la polaridad eléctrica de las moléculas del agua, se ven rodeados por éstas, que los apantallan, anulando el efecto eléctrico entre ellos, de modo que los iones pueden moverse, prácticamente, de forma libre en el seno de la disolución. De la misma forma que las sales, los ácidos, las bases y los minerales, pueden también disociarse dando iones en disolución.

Cuando una disolución no admite más iones disueltos, se dice que está **saturada**, de modo que cualquier adición de soluto posterior a la saturación, provoca la precipitación de aquel en el fondo de la disolución, definiéndose el **punto de saturación** como la máxima concentración permitida sin precipitación. El punto de saturación depende de la temperatura, y es específico del tipo de especies iónicas presentes. En muchos casos, cuando la temperatura se eleva, y como consecuencia del aumento de agitación térmica, el punto de saturación se incrementa.

La presencia de especies iónicas en el seno de una disolución, permite que ésta sea capaz de conducir la corriente eléctrica a su través. Esta capacidad se mide mediante una magnitud física que se denomina **conductividad** (véase Apéndice 1), y que se define como la inversa de la resistencia eléctrica de una porción de disolución, situada entre dos placas metálicas de 1 cm^2, enfrentadas a la distancia de 1 cm. Su unidad es el microsiemens por centímetro ($\mu S/cm$). La conductividad depende de la temperatura, y de la composición y concentración iónicas:

i) Si la concentración de iones aumenta, crece la conductividad, debido a la mayor presencia de portadores de carga.

ii) El efecto de la composición se debe, no sólo a que la carga de los iones puede ser numéricamente distinta, sino también al hecho de que, en disolución, algunos iones son más rápidos que otros.

iii) Por último, la conductividad se incrementa con la temperatura, por causa de que ésta aumenta la velocidad de los iones.

3. OBJETIVOS.

El objetivo principal de este libro es desarrollar un modelo sencillo que permita la caracterización hidrodinámica de membranas selectivas integradas en sistemas bi-iónicos, mediante la determinación de coeficientes de difusión y de espesores de las capas límite alrededor de la membrana. A tal fin, se empleó una célula de difusión rotatoria (CDR) (ver Capítulo 3), que permite el establecimiento de condiciones hidrodinámicas bien definidas para el sistema de membrana, dado que la variación de la frecuencia de giro del cilindro interior (ω), permite disminuir el espesor de la capa límite sobre la membrana, lo que favorece el intercambio iónico a su través. Se puede comprobar éste comportamiento, mediante consideraciones en torno al coeficiente de difusión de los cationes en el sistema de membrana y del cálculo del propio espesor de la capa límite. El mencionado coeficiente se obtendrá a partir del flujo iónico en la membrana, determinado a partir de medidas de pH, junto a medidas de conductividad, en la fase externa (receptora), a diferentes temperaturas y a distintas valores de ω.

La medida de los flujos, una vez establecida su dependencia con ω, permite obtener los coeficientes de difusión catiónicos en el sistema de membrana, en función de la temperatura y de ω. Las medidas de la conductividad permiten testar el modelo propuesto, mediante su correlación con los valores de pH obtenidos, proporcionando información adicional acerca de los coeficientes de difusión de los cationes.

MEMBRANAS SELECTIVAS

Capítulo 1

1.1 INTRODUCCIÓN.

Los procesos de separación por membranas se empezaron a desarrollar a finales del siglo XIX, empleándose básicamente en procesos de concentración y depuración a escala de laboratorio. Las membranas inicialmente empleadas eran de nitrocelulosa, que no poseen características adecuadas para aplicaciones industriales. Hasta la década de los 60, cuando Loeb y Sourirajan **[Loeb 1958-1964]** obtienen la primera membrana asimétrica de acetato de celulosa, no se inicia la moderna tecnología de separación por membranas.

Las membranas de acetato de celulosa han sido ampliamente utilizadas debido a su bajo coste, y a su resistencia al ataque por cloro. No obstante, presentan inconvenientes serios tales como: hidrólisis del acetato por efecto de cambios en el pH; bajo flujo de permeado, salvo para presiones muy elevadas; tasas de rechazo bajas; problemas de compactación.

En los años 70, aparece una nueva generación de membranas que actualmente domina el mercado, construidas a base de diversos polímeros sintéticos. Son comunes las membranas de poliamidas, poliacrilonitrilos, polisulfonas, policarbonatos y poliimidas, entre otras muchas.

Para los procesos de separaciones acuosas es preciso el empleo de polímeros hidrófilos, con una resistencia mecánica adecuada. Piénsese, que la resistencia necesaria para una simple filtración al vacío, es muy diferente a la requerida en filtraciones presurizadas, donde pueden alcanzarse decenas de atmósferas. Como en general las membranas son poco resistentes, en la mayoría de las aplicaciones comerciales, es preciso el empleo de *soportes* de membrana.

Las membranas poliméricas pueden ser *isotrópicas* o *anisotrópicas*, según posean o no propiedades estructurales constantes. Las primeras se pueden obtener a partir de un material polimérico fundido o en disolución. En este caso, el material se dispone en una fina capa sobre una superficie soporte, resultando una película delgada después de la evaporación del disolvente. Una mejora de esta técnica denominada *inversión de fase*, permite controlar las propiedades mecánicas y de permeabilidad de la membrana resultante. En ella se emplea un disolvente secundario, menos volátil, de modo que a medida que el disolvente principal se evapora, el polímero gelifica en torno al disolvente secundario, cuya evaporación provocará la porosidad necesaria, dependiendo el tamaño de los poros de la concentración de dicho disolvente.

Las membranas *asimétricas*, cuyo desarrollo a partir del principio de los 60, permitió viabilizar económicamente los procesos de separación con membranas, son un ejemplo claro de membrana anisotrópica. En su fabricación mediante inversión de fase, se utiliza, en lugar del disolvente secundario, un material no disolvente mezclado con el disolvente principal. A medida que el disolvente se evapora, se forma una película densa, sobre una mezcla de disolvente, de líquido no disolvente y de material base. La inmersión de este conjunto en un baño de un no disolvente provoca la gelificación del material de membrana. Así se obtiene una membrana constituida por una película extremadamente fina (de 100 a 200 nm), llamada *piel*, sobre un soporte poroso de mayor espesor (100-200 μm), por lo que película y soporte poseen idéntica composición química. La primera rechaza las sales disueltas al hacer pasar agua a su través, en tanto que el segundo proporciona la resistencia estructural necesaria, sin disminuir la capacidad del flujo del conjunto.

Estas membranas asimétricas tienen un coste de fabricación bajo, aunque el producto final no es de calidad elevada, debido a la formación de pequeños poros en la superficie de la membrana. El problema se resuelve mediante técnicas que conducen a películas densas de mayor espesor, lo que obviamente reduce el flujo de permeado. Otra desventaja es que con el uso, y debido a las elevadas presiones de operación, estas membranas tienden a compactarse en una estructura cada vez más densa.

Estos inconvenientes se salvan con otras membranas, también de tipo anisotrópico, llamadas *membranas compuestas*. Como en el caso de las membranas asimétricas poseen dos estructuras adyacentes: una capa muy delgada responsable de la selectividad con relación a los solutos, y otra que se sitúa sobre un sustrato poroso que proporciona resistencia física a la estructura global. La diferencia estriba en que esas dos estructuras se forman en etapas de fabricación diferentes y, en general, emplean materiales distintos, de modo que la membrana que funciona como soporte, tiene mayor porosidad y mayor resistencia a la compactación. Esto permite el establecimiento de condiciones adecuadas en cada una de las etapas, lo que acaba por optimizar el material obtenido, haciendo posible un mayor rechazo de sales, y la consecución de mayores flujos de permeado.

1.2 MEMBRANAS SELECTIVAS.

Como ya se ha dicho en la Introducción, las membranas *intercambiadoras* o *selectivas* son aquellas que poseen una carga determinada, de modo que permiten el paso sólo de los iones positivos o negativos, según el tipo **[Ibáñez-1997]**. Aquellas que poseen carga positiva actúan como intercambiadoras de *aniones*, pues contienen grupos catiónicos en su matriz, que ligan a los aniones de los fluídos en contacto con ella; por el contrario, si los grupos cargados fijos en la membrana son de tipo aniónico, la membrana actúa como intercambiadora de *cationes*. Así pues, los procesos de separación con este tipo de membranas, se basan en la exclusión de los *similiones*, o sea de los iones cuya carga es del mismo signo que la carga de la membrana **[Nikonenko-2002, Marder-2006]**.

El estudio de las membranas sintéticas estuvo inicialmente propiciado por el deseo de acercamiento a la comprensión de los fenómenos en los que intervienen membranas naturales. Dada la mayor complejidad de éstas, se contemplaron inicialmente dos tipos de membranas sintéticas: membranas líquidas hechas de capas lipídicas, y membranas microporosas construidas mediante inversión de fase a partir, fundamentalmente, de colodión y sus derivados. La teoría electroquímica moderna culminó hace casi 80 años con la introducción por Teorell, Meyer y Sievers de la teoría de carga fija (teoría TMS) **[Teorell-1935, Meyer y Siervers-1936 a) y 1936 b)]**. Esta teoría ha sido ampliamente aceptada, aunque, por una parte, sus predicciones cuantitativas no concuerdan muy bien con los resultados experimentales, que se obtienen, cuando el radio de los poros de las membranas excede la longitud de Debye-Huckel **[Ibáñez-1997]**, y por otra, sus ecuaciones básicas requieren modificaciones cuando se aplican a membranas líquidas cuyos grupos cargados no ocupan posiciones fijas en las mismas.

El desarrollo matemático de la teoría TMS ha evolucionado en gran medida desde que fue descrita, aunque sus principios básicos continúan firmemente establecidos. Esta teoría atribuye el carácter selectivo de las membranas, respecto de los solutos iónicos, a la presencia de grupos cargados, ligados a aquellas mediante enlaces covalentes, o mediante adsorción física de los mismos en la matriz membranosa. Su objeto fundamental es cuantificar los flujos iónicos y diferencias de potencial que aparecen a través de una membrana que separa sendas disoluciones electrolíticas, distintas o del mismo electrolito con diferente concentración. Las hipótesis básicas de la teoría, no siempre satisfechas en la práctica, son:

1º) La existencia de equilibrio termodinámico entre la membrana y las disoluciones, en las interfases.

2º) La permeación de los iones a través de las membranas, de una a otra disolución, se debe enteramente a procesos que tiene lugar dentro de la membrana.

El equilibrio aludido se trata mediante las ecuaciones termodinámicas de Gibss-Donnan, mientras que los flujos iónicos se describen mediante la ecuación de Nerst-Planck, con sus apropiadas modificaciones **[Garrido-2000]**.

1.2.1 Hinchamiento de la membrana por agua.

Cuando una membrana portadora de grupos tales como $-SO_3H$ o $-CH_2N^+R_3Cl^-$ se pone en contacto con agua, se produce el hinchamiento de la misma debido a la hidratación de estos grupos, los cuales liberan un ión pequeño (H^+ en el primer caso y Cl^- en el segundo), de modo que queda unido un grupo cargado, mediante un enlace covalente, a la red polimérica membranosa. Las membranas con carga positiva son las intercambiadoras de aniones o aniónicas, y a la inversa, catiónicas las que tienen carga negativa, siendo ahora los cationes los contraiones.

Cuando una membrana seca se pone en contacto con agua o una disolución electrolítica acuosa se produce una absorción de iones, fundamentalmente contraiones. En primer lugar los grupos ionizables próximos a la superficie de la membrana atraen y ligan agua de hidratación. La fuerza del enlace depende de la carga y tamaño del ion formado. De esta forma, se produce el hinchamiento de la superficie por la entrada de agua, y esto abre la red polimérica y permite la penetración de agua, hidratando grupos ionizables más al interior, y así hasta el completo hinchamiento de toda la membrana **[Meares-1987]**. La inserción de agua entre los iones, y especialmente entre los contraiones y los iones fijos, facilita la difusión de algunos contraiones lejos de los iones fijos, aunque el requerimiento de electroneutralidad les impide abandonar la membrana. Se genera así una diferencia de presión osmótica que da lugar a la entrada de más agua y por tanto provoca un mayor hinchamiento de la membrana. El hinchamiento extiende las cadenas poliméricas, inicialmente arrolladas, haciendo su aparición fuerzas restauradoras de carácter elástico. El equilibrio se alcanza cuando la resultante de las fuerzas restauradoras sobre las cadenas, genera una tensión interna igual y opuesta a la diferencia entre las presiones osmóticas de los contraiones, y cualquier otro electrolito absorbido con el agua de hinchamiento, y la disolución en contacto con la membrana.

1.2.2 Preparación y caracterización de membranas intercambiadoras.

La utilización de membranas intercambiadoras a escala industrial, ha experimentado un incremento casi continuo durante los últimos treinta años, siendo su principal aplicación la electrodiálisis, fundamentalmente orientada hacia la desalación de disoluciones salinas. Sin embargo, existen otros procesos, de similar importancia técnica y comercial, en los que las membranas intercambiadoras constituyen elementos de importancia vital.

Las membranas de intercambio aniónico tienen grupos catiónicos fijos sobre la matriz membranosa. Los cationes fijados, por razones de electroneutralidad, están en equilibrio con los aniones móviles presentes en los intersticios de la membrana (contraiones). Cuando una de estas membranas se sumerge en una disolución de un electrólito, los aniones de la disolución pueden introducirse dentro de su matriz y reemplazar a los aniones presentes inicialmente, pero los cationes (similiones) no pueden entrar dentro de la misma debido a la repulsión de los cationes fijados en ella. Las membranas de intercambio catiónico tienen estructura y comportamiento similar: contienen grupos aniónicos fijos que permiten la intrusión e intercambio de los cationes de una disolución electrolítica, pero excluyen a los aniones.

En ambos casos, a este tipo de exclusión se le llama exclusión Donnan, en honor al primer trabajo sobre esta materia llevado a cabo por F. G. Donnan **[Donnan-1911]**.

Los detalles sobre los métodos para fabricar membranas de intercambio iónico se recogen en la literatura **[Lacey-1979]** y además, anualmente se publican revisiones de estos métodos de fabricación en el "*Annual Reviews of Ion Exchange Materials*" de la revista *Industrial Engineering Chemistry*. Se han fabricado membranas heterogéneas por incorporación de partículas de intercambio iónico dentro de películas de resinas:

a) Por modelado en seco o satinación de la mezcla de los materiales que forman el intercambiador iónico y la película de resina.

b) Por dispersión del material intercambiador iónico en una disolución del polímero formador de la película, posteriormente se funden las películas desde la disolución y se evapora el disolvente.

c) Por dispersión del material intercambiador iónico en una película del polímero parcialmente polimerizado, fundiendo las películas y completando entonces la polimerización.

Las membranas heterogéneas, que generalmente tienen baja resistencia eléctrica, contienen más de un 65% en peso de partículas de intercambio iónico entrecruzadas. Como estas partículas se hinchan cuando se sumergen en agua, es difícil llevar a cabo una buena combinación entre una resistencia mecánica adecuada y una baja resistencia eléctrica.

Para evitar éstas y otras dificultades con las membranas heterogéneas se desarrollaron las membranas homogéneas en las que el componente intercambiador iónico forma una fase continua a través de la matriz. Los métodos generales de preparación de membranas homogéneas son los siguientes **[Korngold-1984]**:

a) Polimerización de mezclas de reactivos (p. e. fenol, ácido fenosulfónico, y formaldehído) que pueden llevarse a cabo bajo polimerización por condensación. Al menos la mitad de uno de los reactivos debe ser, o poderse transformar, en parte catiónica o aniónica.

b) Polimerización de mezclas de reactivos (p. e. estireno, vinilpiridina, y divinilbenceno) que pueden copolimerizar. Al menos la mitad de uno de los reactivos debe ser, o poderse transformar, en parte catiónica o aniónica. También, uno de los reactivos es un agente entrecruzador que controla la solubilidad de la película en el agua.

c) La introducción de mitades aniónicas o catiónicas dentro de las películas se hace por técnicas tales como el embebimiento del estireno dentro de las películas de polietileno, polimerizando el monómero embebido, y sulfonando entonces el estireno. Una pequeña cantidad de agente entrecruzante (p. e. divinilbenceno) se puede añadir para controlar el lecho del agente intercambiador iónico. Se han empleado otras técnicas, tales como la polarización injertada de monómeros embebidos, para ligar los grupos ionizados sobre las cadenas moleculares de las películas fabricadas.

d) Fundiendo películas de una disolución que contiene una mezcla de un polímero lineal y un polielectrolito lineal, y después evaporando el disolvente.

Las membranas fabricadas por alguno de los métodos descritos arriba se pueden configurar en torno a materiales de refuerzo para mejorar su estabilidad dimensional y su resistencia mecánica.

Los fabricantes de membranas de intercambio iónico normalmente caracterizan sus productos por una serie de medidas convencionales que incluyen **[Davis-1972 y Mackay-1955]**:

a) Capacidad de intercambio iónico.
b) Contenido en agua.
c) Capacidad de hinchamiento.
d) Selectividad medida para varios iones y para varia concentraciones.
e) Permeabilidad.
f) Conductividad eléctrica.

La capacidad de una resina o de una membrana de intercambio iónico (M_R), es el número de equivalentes de ion que pueden ser absorbidos por un peso o volumen unitario de resina. Para una resina de uso común, el intervalo de capacidades viene expresado como meq/g de resina seca. En base al volumen de la resina la capacidad se expresa en meq/ml y depende del grado de hichamiento de la misma.

La selectividad de una membrana depende del equilibrio Donnan, al que nos referiremos con detalle en el apartado 1.4 **[Donnan-1924, Akretche-2000]**, el cual establece que la concentración del electrólito dentro del gel intercambiador es mucho menor que la del líquido que le rodea. Por consiguiente, la disminución de la selectividad viene determinada por el aumento de la fuerza iónica del electrolito circundante. En el tratamiento de disoluciones muy concentradas es preferible una membrana de alta capacidad de intercambio iónico.

La relación entre la concentración de electrólito en el polímero de intercambio iónico y en la disolución, se puede obtener habida cuenta que en situación de equilibrio, se cumple la igualdad entre los potenciales iónicos del soluto en el polímero intercambiador (μ_T) y en la disolución en contacto con él (μ_S).

Consideremos un electrolito $C_{\nu+}A_{\nu-}$, que se disocia en disolución dando ν_+ cationes C^{Z+} de carga Z^+ y ν_- aniones A^{Z-} de carga Z^-, es decir **[Ibáñez-1997]**

$$C_{\nu_+}A_{\nu_-} \rightarrow \nu_+ C^{Z^+} + \nu_- A^{Z^-} \; . \qquad (1.1)$$

Denotaremos por ν el número total de iones: $\nu = \nu_+ + \nu_-$. La condición de electroneutralidad eléctrica exige que

$$\nu_+ Z^+ + \nu_- Z^- = 0 \qquad (1.2)$$

Por otra parte, y dado que para el potencial químico del electrólito se tiene

$$\mu(T,P) = \mu_0(T,P) + RT \ln a \qquad (1.3)$$

donde μ_0 es el potencial químico estándar y a es la actividad del electrolito. Si llamamos a_+ y a_- a las actividades del ion positivo y negativo, se define la actividad iónica media $a_\pm$, por

$$a = a_\pm^{\nu} = a_\pm^{\nu_+} a_-^{\nu_-} \qquad (1.4)$$

es decir, la actividad iónica media es la media geométrica de las actividades de los iones individuales. Se definen los siguientes coeficientes de actividad, γ, γ_+ *y* γ_-, en relación con las distintas actividades:

$$a = C\gamma; a_+ = C_+\gamma_+; a_- = C_-\gamma_- \qquad (1.5)$$

siendo C, C_+ *y* C_- las concentraciones respectivas del electrolito, de los cationes y aniones. Para la actividad media se tiene

$$a_\pm = C_\pm \gamma_\pm \qquad (1.6)$$

donde $\gamma_\pm$ es el coeficiente de actividad iónico medio, el único medible experimentalmente; y $C_\pm$ es la concentración iónica media. Llevando las ecuaciones (1.5) y (1.6) a la ecuación (1.4) se obtiene

$$\gamma_\pm^{\nu} = \gamma_+^{\nu_+} \gamma_-^{\nu_-} \qquad (1.7)$$

y

$$C_{\pm}^{\nu} = C_{+}^{\nu_+} C_{-}^{\nu_-} \qquad (1.8)$$

Las ecuaciones (1.7) y (1.8) muestran que $\gamma_{\pm}$ y $C_{\pm}$ son, al igual que $a_{\pm}$, medias geométricas de las cantidades iónicas individuales. Si C_s es la molalidad del electrolito, entonces

$$C_{+} = \nu_{+} C_s; \qquad C_{-} = \nu_{-} C_s \qquad (1.9)$$

por lo que

$$C_{\pm} = \left(\nu_{+}^{\nu_+} \nu_{-}^{\nu_-}\right)^{\frac{1}{\nu}} C_s \qquad (1.10)$$

ecuación que nos da el valor de $C_{\pm}$ en función de la concentración de la disolución C_s, si se conoce la fórmula del electrólito.

Los potenciales químicos para una resina de intercambio catiónico de capacidad M_R y para una disolución de NaCl de concentración conocida se pueden expresar, de acuerdo con las ecuaciones (1.3) y (1.4) por:

$$\mu_T = \mu_0 + RT \ln\left(\overline{a_R} + \overline{a_{Cl^-}}\right)\overline{a_{Na^+}} \qquad (1.11)$$

y

$$\mu_S = \mu_0 + RT \ln\left(a_{Cl^-} \cdot a_{Na^+}\right) \qquad (1.12)$$

donde, a_{Cl^-} y a_{Na^+} son las actividades de los iones en disolución, $\overline{a_{Cl^-}}$ y $\overline{a_{Na^+}}$ las actividades en el seno del polímero, y $\overline{a_R}$ la de éste. De acuerdo con (1.5), se puede escribir las ecuaciones (1.11) y (1.12) en la forma

$$\mu_T = \mu_0 + RT \ln\left(\overline{C_R}\,\overline{\gamma_R} + \overline{C_{Cl^-}}\,\overline{\gamma_{Cl^-}}\right)\overline{C_{Na^+}}\,\overline{\gamma_{Na^+}} \qquad (1.13)$$

y

$$\mu_S = \mu_0 + RT \ln\left(C_{Cl^-} \cdot \gamma_{Cl^-} \cdot C_{Na^+} \cdot \gamma_{Na^+}\right) \qquad (1.14)$$

donde C_{Na^+}, C_{Cl^-}, γ_{Na^+} y γ_{Cl^-} indican las concentraciones de los iones y los coeficientes de actividad en la disolución, $\overline{C_{Na^+}}$, $\overline{C_{Cl^-}}$, $\overline{\gamma_{Na^+}}$ y $\overline{\gamma_{Cl^-}}$ las concentraciones de los iones y sus coeficientes de actividad en el polímero y $\overline{C_R}$ y $\overline{\gamma_R}$ son la concentración y el coeficiente de actividad del polímero. Asumiendo que los potenciales químicos en la resina y en la disolución son iguales; y de acuerdo con la ecuación (1.7), se sigue

$$\left(\overline{C_R}\,\overline{\gamma_R} + \overline{C_{Cl^-}}\,\overline{\gamma_{Cl^-}}\right)\overline{C_{Na^+}}\,\overline{\gamma_{Na^+}} = C_{Na^+} C_{Cl^-} \gamma_s^2 \qquad (1.15)$$

En la ecuación anterior se puede hacer las siguientes consideraciones:

1. Si no hay asociación con el contraión, $\overline{M_R} = \overline{C_R}$.

2. Por razones de electroneutralidad, y de acuerdo con las ecuaciones (1.9) se puede escribir: $C_{Na}^{+} = C_{Cl}^{-} = C_s$.

3. Si la resina tiene una alta capacidad y la concentración de NaCl en el polímero es muy baja, $\overline{C_R} \gg C_{Cl^-}$ y se puede despreciar el término, $\overline{\gamma_{Cl}^{-}}\,\overline{C_{Cl}^{-}}$, quedando (1.15) de la siguiente forma

$$\overline{M}_R \overline{\gamma}_R \overline{C}_{Na^+} \overline{\gamma}_{Na^+} = C_s^2 \gamma_s^2 \qquad (1.16)$$

de donde

$$\overline{C}_{Na^+} = \frac{C_s^2 \gamma_s^2}{\overline{M}_R \overline{\gamma}_R \overline{\gamma}_{Na^+}} \qquad (1.17)$$

Si consideramos, que aproximadamente, en la disolución diluida del interior $\overline{\gamma}_{Na^+} = 1$ y que el coeficiente de actividad en la resina es también aproximadamente igual a la unidad, se sigue la siguiente expresión

$$\overline{C}_{Na^+} = \frac{C_s^2 \gamma_s^2}{\overline{M}_R} \qquad (1.18)$$

La conductividad eléctrica de un polímero de intercambio iónico depende de la conductividad de los iones del propio polímero y de la del electrolito difundido dentro de la resina de intercambio iónico. En el caso de polímeros de intercambio catiónico, la conductividad de los cationes en el polímero será el resultado de la movilidad de los cationes del polímero y de la de los cationes del electrolito difundidos hacia dentro del intercambiador catiónico. El cociente de las dos conductividades determinará la "*ratio*" entre el electrotransporte de catión y anión **[Bath-2000]**. Como la difusión del electrolito dentro de los poros de la resina es baja en la disolución diluida, los cationes pueden ser transportados a través de la resina por fuerza eléctrica. Esto mismo es válido para polímeros de intercambio aniónico. Si asumimos que la aproximación hecha en la ecuación (1.18) es válida, el grado de selectividad de la membrana se puede estimar calculando la concentración del electrólito en el polímero de intercambio iónico.

Cuando una membrana separa sendas disoluciones del mismo electrólito y diferente concentración, el gradiente de concentración es la fuerza generalizada que produce la difusión a su través. Se puede obtener una alta selectividad aún con una concentración elevada del electrolito en una cara de la membrana y otra baja en la otra cara de la misma, habiéndose constatado en procesos ED para disoluciones salinas con concentraciones por encima de 3-4 N.

La selectividad de una membrana respecto de una especie iónica, se caracteriza mediante el número de transporte de ésta en el interior de aquella **[Larchet-2004]**. Este número de transporte se puede determinar mediante dos métodos alternativos, que involucran, el primero medidas de corriente, y el segundo medidas de potencial eléctrico.

El primer método mide el incremento en la concentración de algunos iones, resultante de un proceso ED, y la cantidad de corriente aplicada. El cociente entre dos valores (transformados en las mimas unidades) dará el número de transporte en la membrana.

En el segundo método, se mide el potencial entre dos disoluciones de concentraciones diferentes separadas por una membrana permselectiva, (potencial del sistema de membrana, que integra contribuciones de la membrana propiamente dicha y las dos capas límite de difusión que la flanquean). Para iones monovalentes este potencial *V* viene dado por **[Ibáñez 1997]**

$$V=\left(2\bar{t}-1\right)\left(2{,}3\frac{RT}{F}\right)\log\left(\frac{a_1}{a_2}\right) \qquad (1.19)$$

donde $\bar{t}$ es el número de transporte del contraión en la membrana, y a_1 y a_2 son las actividades de las dos disoluciones separadas por la membrana.

Si la membrana fuese completamente selectiva $\bar{t}=1$, siendo entonces el potencial

$$V_0=\left(2{,}3\frac{RT}{F}\right)\log\left(\frac{a_1}{a_2}\right) \qquad (1.20)$$

Dividiendo las dos ecuaciones anteriores se sigue

$$\frac{V}{V_0}=\left(2\bar{t}-1\right) \qquad (1.21)$$

de donde

$$\bar{t}=\frac{\left(V+V_0\right)}{2V_0} \qquad (1.22)$$

V_0 se puede calcular mediante la ecuación (1.20). El potencial *V* se puede medir y así el número de transporte de una membrana se puede obtener por una medida de potencial directa.

Un parámetro que se recoge raramente por los fabricantes es la estabilidad dimensional de la membrana. A gran escala, un cambio en las dimensiones lineales puede ser extremadamente difícil de acomodar en un dispositivo experimental. Así, algunas membranas primitivas, que tenían propiedades químicas satisfactorias, poseían características de hinchamiento/deshinchamiento que les hacía virtualmente inútiles, excepto para el laboratorio. Actualmente, la mayoría de las membranas comerciales se fabrican con un esqueleto de polimero hidrofóbico que es capaz de incorporar el material intercambiador y de prevenir los cambios dimensionales, en la lámina.

Otra característica importante de una membrana es relativa a su comportamiento frente al trasporte de iones, y el efecto de polarización. La polarización es el factor que empaña la mayoría de las aplicaciones de la electrodiálisis. Además, es el factor más difícil de cuantificar.

El problema se complica en el contexto de la medida de la conductividad de la membrana. Convencionalmente éste se lleva a cabo colocando la membrana entre un par de electrodos dentro de una disolución de un electrolito. La resistencia óhmica de la membrana se mide, determinando esta magnitud con la membrana puesta en el dispositivo y sin ella. La diferencia entre las dos resistencias medidas se toma como la resistencia representativa de la membrana y, para evitar problemas de polarización en los electrodos, se hacen medidas con corriente alterna a 5 kHz. Si la disolución en la que se hace la medida está demasiado diluida, la resistencia de la célula con y sin la membrana será grande y la resistencia de la membrana será una pequeña diferencia entre dos valores grandes. Para evitar esta dificultad la disolución que se emplea es NaCl 0,1 M, u otra similar.

La utilización de frecuencias de corriente alterna altas y de disoluciones de electrólito relativamente fuertes, eliminan la formación de regiones vacías de iones dentro y fuera de la membrana. Los problemas cinéticos **[Ding-2006]** de esta clase se pueden resolver, al menos parcialmente, mediante el uso de disoluciones electrolíticas muy diluidas. La resistencia típica de la membrana se sitúa en la región [3 – 20] Ωcm^{-2} y se necesita al menos un electrolito de 0,1 $M\Omega cm^{-2}$ de resistencia específica para mostrar las propiedades cinéticas de la misma. Este hecho puede significar, en la práctica, que la resistencia óhmica de la disolución y la del aparato podrían enmascarar completamente la de la membrana y, al menos que se tenga gran cuidado en la realización de la medida, el valor que se obtiene puede no ser de gran precisión. Sin embargo, los fabricantes de membranas siguen dando la resistividad de sus membranas a altas concentraciones de electrólito.

Puede ser útil comparar la resistividad de la membrana medida en disoluciones concentradas y diluidas, y si los valores difieren significativamente puede ser que la cinética sea sospechosa. Este tipo de investigación se lleva a cabo mejor bajo condiciones de corriente continua.

Otra propiedad importante de la membrana, que aún es más difícil de caracterizar, es su susceptibilidad al ensuciamiento y al envenenamiento. Este fenómeno era ya conocido en las resinas de intercambio iónico. Algunos iones tienen tal afinidad por el intercambiador iónico que llegan a atacarlo irreversiblemente y a reducir su capacidad operativa. Los iones manganeso, por ejemplo, tienden a envenenar las resinas de intercambio iónico por este camino. Otra manera por la que una resina de intercambio iónico llega a ser menos eficiente en su operación, es por el ensuciamiento con iones orgánicos grandes. Estos son generalmente aniónicos tales como los ácidos húmicos y fúlvicos, que son los productos de descomposición de la materia orgánica natural. Las descargas industriales de fenoles y detergentes, también tienen propiedades de ensuciamiento. Estos macroiones tienden a fijarse en los espacios entre los poros dentro del intercambiador iónico con el resultado de que algunos de los grupos activos llegan a ser inaccesibles, y además la transferencia de iones dentro y fuera del intercambiador puede incluso llegar a interrumpirse. Cuando los iones que ensucian son polielectrolitos, el intercambiador aniónico puede adquirir grupos cargados negativamente que actúan como intercambiadores catiónicos, haciendo así bifuncional a la membrana.

El envenenamiento por iones de alta afinidad no debe depender de las características físicas del intercambiador. El único camino para evitar el problema es prevenir que estos iones reaccionen en primer lugar con el intercambiador. Por otra parte, el ensuciamiento por macro iones se puede reducir ampliando los espacios entre los poros del intercambiador. Las resinas de intercambio iónico actuales se hacen con matrices de poliestireno que ya poseen una estructura de poro y no dependen meramente de la absorción del agua por el gel para crear los poros. No obstante, estas resinas macrorreticulares no ofrecen una solución completa a los problemas de ensuciamiento.

Con las membranas de intercambio iónico el problema es más difícil. Las propiedades cinéticas de una membrana no son tan importantes como las de una resina, y así un grado menor de ensuciamiento ejercerá, a la larga, un efecto serio sobre el trabajo de la membrana. Además, a diferencia de la resina, que opera con un ciclo frecuente de consumo/regeneración, la membrana opera en condiciones de estado estacionario. Durante la regeneración con disoluciones concentradas y en caliente, una gran proporción de los ensuciantes pueden ser extraídos de la resina y, aunque algunas veces funcionan bien tratamientos similares sobre las membranas intercambiadoras, el problema de hinchamiento/deshinchamiento los hace impracticables.

Las membranas exhiben un transporte preferencial para algunos iones. Como consecuencia de las diferencias de afinidad características de los grupos intercambiadores de iones, el número de transporte de los iones minerales en la membrana difiere, aunque no mucho. Las membranas catiónicas exhiben un transporte preferencial de Ca^{+2} y Mg^{+2} frente a Na^{+}, mientras que a través de las membranas aniónicas pasan preferentemente los iones Cl^{-} frente a los SO_4^{-}

^{2}. Estas propiedades no están lo suficientemente marcadas como para explotarlas comercialmente, sin embargo, entrañan cierta dificultad a la hora del tratamiento del agua salada.

Por otra parte, el número de transporte de la mayoría de los iones orgánicos, es lo suficientemente bajo como para que la electrodiálisis se emplee en aplicaciones tales como la desalación del suero de la leche o la eliminación de sales inorgánicas en la producción de antibióticos.

Las membranas suelen absorber entre un 30 y un 70% de agua (respecto de su volumen) dependiendo del grado de entrecruzamiento, entre otros factores. El hinchamiento no es función de la temperatura y tan sólo depende de la naturaleza de los contraiones y de la concentración de la disolución externa.

Cuando se intenta entender y desarrollar un tratamiento teórico para el transporte iónico a través de membranas intercambiadoras, es útil visualizar el conjunto como una interpenetración de dos redes: por un lado, la matriz polimérica, y por otro, el agua y los iones que ocupan los intersticios de la primera red.

1.3 CAPAS LÍMITE DE DIFUSIÓN.

La membrana propiamente dicha está inmersa en una disolución. La zona de contacto entre dos fases distintas tiene unas características importantes que influyen en el transporte **[Nikonenko-2002]**. Hablaremos, pues, ahora, sobre estas zonas de disolución adyacentes a la membrana **[Ibáñez-1989, Aguilella-1989, Manzanares-1990]**.

Tres son los modelos que se emplean habitualmente para describir la transferencia de materia en interfases: el modelo de la capa no agitada o modelo de Nernst, el modelo de penetración y el modelo de la capa límite turbulenta. De entre estos, el modelo de Nernst es con gran diferencia el más conocido y empleado.

Nernst pensaba que los procesos químicos que suceden en las interfases son siempre mucho más rápidos que los procesos de transporte de modo que, salvo que algún proceso lento tuviese lugar en el seno de algunas de las fases, la velocidad de transporte siempre vendría determinada por los mismos **[Guirao 1994]**.

Consideremos, por ejemplo, el caso de una reacción entre un sólido, de área superficial A, y una disolución, de volumen V y concentración c_∞. Si la disolución está bien agitada, la concentración en el seno de la disolución puede considerarse uniforme. Las moléculas de reactivo alcanzan la superficie del sólido tras atravesar una delgada capa de disolución, de anchura δ, situada junto a la superficie sólida. Así, de acuerdo con la primera ley de Fick, para el transporte unidimensional según la dirección OX

$$\frac{dc}{dt} = -\frac{DA}{V}\frac{dc}{dx} \tag{1.23}$$

siendo x la distancia a la superficie y D el coeficiente de difusión. Nernst propuso que el gradiente de concentración podía aproximarse como (c_∞ - c_0) / δ, donde c_0 es la concentración en la superficie, de modo que

$$\frac{dc}{dt} = -\frac{DA}{V}\frac{c_\infty - c_0}{\delta} = -k(c_\infty - c_0) \tag{1.24}$$

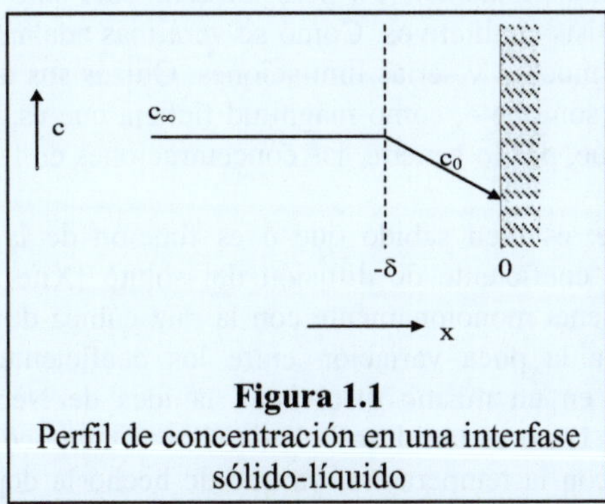

Figura 1.1
Perfil de concentración en una interfase sólido-líquido

La Figura 1.1 muestra el perfil de concentración en una interfase sólido-líquido en presencia de una capa no agitada de anchura δ. En este caso, la especie se consume en la superficie x = 0.

El modelo de Nernst, como actualmente se conoce, se caracteriza por las siguientes hipótesis:

1. La resitencia a la transferencia de materia hasta la interfase reside completamente en una capa delgada próxima a la superficie y cuya anchura se denota por δ.
2. El resto de la fase en que está situada esta capa delgada se considera bien agitada y de composición uniforme.
3. No sólo el fluido en contacto directo con la interfase (supuesto una superficie sólida en reposo), sino todo el fluido contenido en la capa resistente, está en reposo.
4. El transporte en esta capa tiene lugar sólo por difusión y habitualmente se considera restringido a la dirección normal a la interfase.

5. El flujo en esta capa puede expresarse en términos de la ley de Fick (ignorando términos cruzados en el caso de sistemas multicomponentes).

6. El perfil de concentración dentro de la capa no agitada se supone lineal.

7. δ es sólo función de la velocidad de agitación de la disolución y de la geometría del sistema y es independiente de la naturaleza del proceso electroquímico, de la distribución del potencial y de otros parámetros tales como la viscosidad de la disolución, el coeficiente de difusión del soluto o la temperatura.

El modelo de Nernst es muy sencillo de visualizar (Figura 1.1) y de expresar en términos matemáticos, pero normalmente sólo se puede emplear para realizar análisis cualitativos. Como se verá más adelante (Capítulo 2), el modelo presenta muchas y serias limitaciones. Quizás sus dos inconvenientes más importantes son que δ, como magnitud ficticia que es, no puede medirse directamente y que, por lo general, las concentraciones en la superficie no son conocidas.

Por otra parte, es bien sabido que δ es función de la viscosidad de la disolución y del coeficiente de difusión del soluto **[Xue-1991]**. Si bien es cierto que δ aumenta monótonamente con la raíz cúbica de D (coeficiente de difusión) y, dada la poca variación entre los coeficientes de difusión de distintos solutos en un mismo disolvente, la idea de Nernst de que δ era independiente de D no es tan descabellada. Como tampoco lo es la hipótesis de dependencia con la temperatura, ya que de hecho la dependencia es muy pequeña. En cualquier caso, estos datos muestran a δ como un parámetro del modelo de difícil predicción en la práctica.

En resumen, se puede decir que, aunque incompleta, la teoría de Nernst ha sido y es particularmente útil en estudios de transporte iónico a través de membranas **[Aguilella-1986]**.

1.4 EQUILIBRIO DONNAN.

Este equilibrio se establece a través de una interfase, que separa dos subsistemas, y a cuyo través hay algún componente de uno de los subsistemas que no es transportado a través de la misma. Originariamente esta restricción se introducía a través de la presencia de una membrana, permeable al disolvente y a iones pequeños, pero impermeable a iones de tamaño coloidal. En la actualidad, el equilibrio Donnan se aplica a membranas cargadas donde los grupos fijos no pueden escapar de la membrana.

La Figura 1.2 representa el caso de la interfase entre una disolución acuosa de NaCl, y la superficie de un material polimérico (una membrana, por ejemplo), en cuyo interior se hayan también presentes los iones Na^+ y Cl^-, además de otro tipo de ión R^-, no difundible a través de la interfase, de tal suerte que sólo está presente en el subsistema (2).

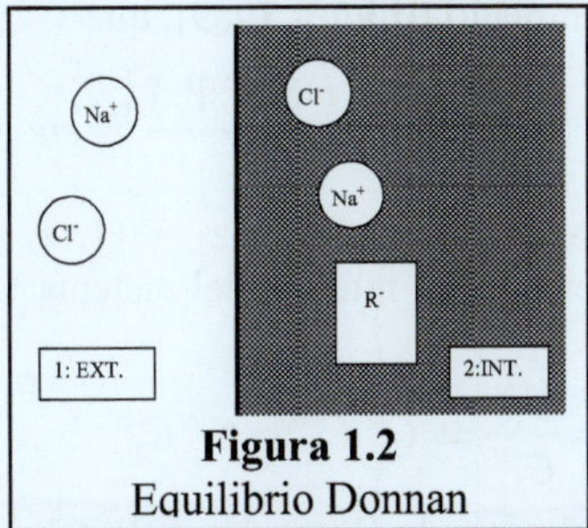

Figura 1.2
Equilibrio Donnan

Las condiciones de equilibrio Donnan se describen de un modo conveniente a través de los potenciales electroquímicos, de las especies químicas presentes, a la vez, a ambos lados de la interfase, cuya expresión genérica es

$$\overline{\mu_i} = \mu_i + z_i F\Psi = \mu_i^0 + RT\ln a_i + z_i F\Psi \qquad (1.25)$$

donde μ_i es el potencial químico de la especie i, μ_i^0 su potencial químico estándar y Ψ el potencial eléctrico. Membrana y disolución estarán en equilibrio termodinámico **[Bockris-1979]** (equilibrio local, es la aproximación básica del equilibrio Donnan) cuando la temperatura y los potenciales electroquímicos de todas las especies capaces de difundir sean iguales en ambas fases:

$$\mu_i^{0(1)} + RT\ln a_i^{(1)} + z_i F\Psi_1 = \mu_i^{0(2)} + RT\ln a_i^{(2)} + z_i F\Psi_2, \qquad (1.26)$$

donde se ha supuesto que las presiones son iguales a cada lado.

La existencia de la interfase origina una diferencia de potencial a través de la misma: *potencial Donnan.* Este puede estudiarse a partir de la condición de igualdad del potencial electroquímico de un ión particular, de manera que de la ecuación anterior se obtiene:

$$\Delta\Psi_D = \Psi_2 - \Psi_1 = \frac{\left(\mu_i^{0(1)} - \mu_i^{0(2)}\right)}{z_i F} + \frac{RT}{z_i F}\ln\left(\frac{a_i^{(1)}}{a_i^{(2)}}\right) \qquad (1.27)$$

Si se admite que $\mu^{0}{}_{i}^{(1)} = \mu^{0}{}_{i}^{(2)}$, y que se puede sustituir actividades por concentraciones, se tiene finalmente:

$$\Delta\Psi_D = \frac{RT}{z_i F}\ln\left(\frac{C_i^{(1)}}{C_i^{(2)}}\right). \qquad (1.28)$$

Para cualquier especie i, que puede encontrarse en cualquiera de los subsistemas en contacto, una vez alcanzado el equilibrio se cumplirá, supuesto comportamiento ideal contemplado **[Ibáñez 1989]**, que

$$\left[\frac{C_i^{(1)}}{C_i^{(2)}}\right]^{1/z_i} = \exp\left[\frac{F\left(\Psi_2 - \Psi_1\right)}{RT}\right] = cte\,.$$

Para sendos iones monovalentes (i = 1, 2; $z_1 = +1$, $z_2 = -1$), y denotando como "*ext*" e "*int*", el exterior y el interior del sistema (2) (Figura 1.2), se sigue:

$$\frac{C_1^{ext}}{C_1^{\text{int}}} = \frac{C_2^{\text{int}}}{C_2^{ext}} \Rightarrow C_1^{ext} C_2^{ext} = C_1^{\text{int}} C_2^{\text{int}}$$

Para el caso concreto del ejemplo ilustrado en la Figura 1.2, la ecuación anterior da

$$\left[Cl^-\right]^{ext}\left[Na^+\right]^{ext} = \left[Cl^-\right]^{\text{int}}\left[Na^+\right]^{\text{int}} \qquad (1.29)$$

lo que unido a la condición de neutralidad eléctrica para cada una de las partes del sistema, que establece

$$\left.\begin{aligned}\left[Cl^-\right]^{ext} &= \left[Na^+\right]^{ext}\\ \left[Cl^-\right]^{\text{int}} + \left[R^-\right] &= \left[Na^+\right]^{\text{int}}\end{aligned}\right\} \qquad (1.30)$$

permite explicar el efecto denominado *exclusión Donnan* **[Helfferich-1962]**, característico de las membranas cargadas, y que implica una disminución en la concentración de los similiones, respecto de las disoluciones en contacto con la misma, que llega a ser prácticamente excluyente, para valores elevados de la concentración de carga eléctrica [R^-] ligada a la matriz membranosa. Así pues, para el caso de la Figura 1.2, la eliminación de $\left[Na^+\right]^{ext}$ y $\left[Na^+\right]^{\text{int}}$ entre (1.29) y (1.30), conduce a

$$\left\{\left[Cl^-\right]^{ext}\right\}^2 = \left[Cl^-\right]^{\text{int}}\left\{\left[Cl^-\right]^{\text{int}} + \left[R^-\right]^{\text{int}}\right\}$$

de donde

$$\left[Cl^-\right]^{\text{int}} = \frac{\left\{\left[Cl^-\right]^{ext}\right\}^2}{\left\{\left[Cl^-\right]^{\text{int}} + \left[R^-\right]^{\text{int}}\right\}} \qquad (1.31)$$

Para membranas fuertemente cargadas $\left[R^-\right]^{\text{int}} >> \left[Cl^-\right]^{\text{int}}$, de manera que la anterior ecuación lleva a

$$\left[Cl^-\right]^{\text{int}} \cong \frac{\left\{\left[Cl^-\right]^{ext}\right\}^2}{\left[R^-\right]^{\text{int}}} \tag{1.32}$$

Tanto en (1.31) como en (1.32) puede apreciarse que la concentración de similiones en la membrana, $\left[Cl^-\right]^{\text{int}}$, disminuye a medida que $\left[R^-\right]^{\text{int}}$ aumenta **[Ibáñez-1997]**.

1.5 DIFERENCIAS DE POTENCIAL ELÉCTRICO.

1.5.1. Potencial de unión líquida.

La unión líquida es el límite de dos disoluciones electrolíticas en contacto a través del cual se difunden los iones. La diferente movilidad de los iones origina procesos de separación de carga, pues los más rápidos tenderán a romper la neutralidad eléctrica. En consecuencia, aparece un campo interno que tiende a contrarrestar dicha polarización **[Bockris-1979]**. Los iones más rápidos tienden a frenarse, mientras que los más lentos se aceleran. Una vez alcanzado el estado estacionario, el efecto se manifiesta con la presencia de diferencias de potencial eléctrico a lo largo de las zonas de difusión.

1.5.2 Potenciales Donnan.

Al hablar de equilibrio Donnan en las interfases ya se ha mencionado (apartado 1.4) la existencia de diferencias de potencial entre las dos fases en contacto (membrana/disolución): éstos son los llamados potenciales Donnan **[Donnan-1924, Akretche-2000]**.

1.5.3 Potencial de membrana.

Una propiedad característica de las membranas selectivas es el llamado potencial de membrana **[Ibáñez-1982]**, que es la diferencia de potencial que existe entre dos fases separadas por una membrana. En base a nuestro sistema de membrana dicho potencial constará de dos contribuciones: una debido al potencial de difusión y otra debida a los potenciales Donnan en las interfases.

1.5.4 Potencial bi-iónico.

El potencial bi-iónico (BIP) es la diferencia de potencial que aparece entre dos disoluciones de diferentes electrólitos a la misma concentración con un similión común, pero distinto contraión separadas, por una membrana cargada (o dicho de otro modo, es el potencial de membrana para un sistema bi-iónico). De acuerdo con esto, para el sistema esquematizado en la Figura 1.3, el potencial bi-iónico constará de cinco contribuciones:

$$\Delta\Psi_{BIP} = \Delta\Psi_L + \Delta\Psi_{DL} + \Delta\Psi_M + \Delta\Psi_{DR} + \Delta\Psi_R \tag{1.33}$$

siendo $\Delta\Psi_L$ y $\Delta\Psi_R$ las caídas de potencial en las capas límite de difusión (L izquierda, R derecha), $\Delta\Psi_{DL}$ y $\Delta\Psi_{DR}$ los correspondientes potenciales Donnan, y $\Delta\Psi_{M}$ el potencial de difusión en la membrana.

El interés del estudio del potencial bi-iónico es múltiple. Desde el punto de vista de los procesos de separación las medidas de BIP pueden ser útiles para conocer la selectividad de una membrana a diferentes iones. Desde una perspectiva biológica, el BIP también goza de gran relevancia, sobre todo, en relación con la bomba Na-K.

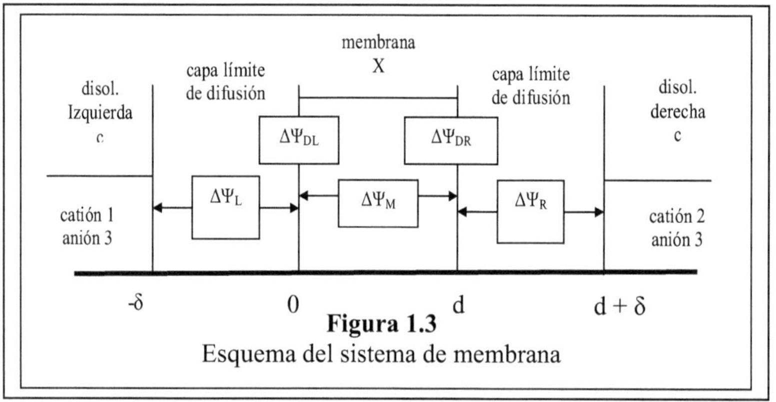

Figura 1.3
Esquema del sistema de membrana

ASPECTOS TEÓRICOS. MODELIZACIÓN

Capítulo 2

2.1 ECUACIONES DE TRANSPORTE.

Los procesos de transporte **[Ibáñez-1989]** son procesos de no equilibrio que como tales, vienen descritos mediante ecuaciones fenomenológicas que relacionan el flujo (efecto) con su correspondiente fuerza generalizada (causa). La primera ley de Fick, por ejemplo, relaciona el flujo de materia con un gradiente de concentración a través de una constante de proporcionalidad (el coeficiente de difusión).

En algunos procesos de membrana las fuerzas generalizadas pueden ser interdependientes, dando lugar a nuevos efectos. Así, un gradiente de concentración a través de una membrana puede no sólo dar lugar a un flujo de materia, sino que, en ciertas condiciones, puede causar también el efecto de una diferencia de presión. Con frecuencia, también tiene lugar un acoplamiento entre flujos. Ejemplo de tal acoplamiento es el flujo de agua que acompaña a los iones de una disolución cuando son transportados a través de una membrana merced a una diferencia de potencial eléctrico.

En los procesos de transporte y separación de membranas solamente tienen importancia práctica aquellas fuerzas generalizadas que dan lugar a flujos significativos de materia. Tales son:

- Una diferencia de presión, que origina un flujo de volumen.
- Un gradiente de concentración, que provoca un flujo de masa.
- Un gradiente de potencial eléctrico, que también puede producir un transporte de materia (si ésta es cargada).

Los procesos de transporte a través de membranas pueden ser estudiados haciendo uso de diversas teorías que, según el tipo de ecuaciones de flujo empleadas, pueden dividirse en tres grandes grupos **[Guirao-1994]**:

a) Teorías basadas en la Termodinámica de Procesos Irreversibles (T.P.I.) **[Garrido-1983]**, que tratan la membrana como una “caja negra”;

b) Teorías en las cuales la membrana es considerada como una sucesión de barreras de energía que deben ser superadas por las sustancias que pasan a su través **[Laksminarayanaiah-1984]**;

c) Teorías basadas en las ecuaciones de Nerst-Planck **[Aguilella-1989]**.

El último grupo es el que servirá de base para el desarrollo de este trabajo. Se trata de teorías fundadas sobre la Termodinámica Clásica y restringidas a sistemas isotermos no sometidos a gradientes externos de presión.

2.1.1 Ecuación de flujo de Nerst – Planck. Potencial de Nerst.

En un proceso de transporte de una especie *i*, el flujo de la misma (masa transportada por unidad de área y unidad de tiempo), se obtiene en cada punto, multiplicando la concentración c_i de la especie considerada, por su velocidad:

$$J_i = c_i v_i \qquad (2.1)$$

Por otra parte, la movilidad de la especie *i*, u_i, viene dada por el cociente entre la velocidad v_i, y la fuerza generalizada que actúa por unidad de masa de dicha especie, X_i,

$$u_i = v_i / X_i \Rightarrow J_i = c_i u_i X_i \qquad (2.2)$$

donde

$$X_i = -grad\overline{\mu}_i = -\overline{v}_i gradP - RTgrad(\ln a_i) - Z_i F grad\Psi \qquad (2.3)$$

siendo a_i la actividad y $\overline{v}_i$ el volumen molar parcial del componente i-ésimo. Para el caso del flujo unidireccional según la dirección OX, y para una disolución ideal, las ecuaciones (2.2) y (2.3) conducen a la siguiente ecuación para el flujo, denominada **ecuación de Nerst-Planck**:

$$J_i = -D_i \left[\frac{dc_i}{dx} + \frac{\overline{v}_i c_i}{RT}\frac{dP}{dx} + \frac{Z_i F c_i}{RT}\frac{d\Psi}{dx} \right] \qquad (2.4)$$

donde D_i, coeficiente de difusión de la especie *i*, viene dado por la llamada relación de Nerst-Einstein:

$$D_i = u_i RT \qquad (2.5)$$

Para una situación en la que no exista gradiente de presión, o éste sea despreciable, (2.4) se reduce a

$$J_i = -D_i \left[\frac{dc_i}{dx} + \frac{Z_i F c_i}{RT}\frac{d\Psi}{dx} \right] \qquad (2.6)$$

Esta ecuación se puede integrar en estado estacionario, J_i = cte, para obtener el perfil de concentración en la zona del transporte supuesta de espesor *d*,

$$c_i = c_i(x, J_i, \Psi, d)$$

Para ello es precio hacer aproximaciones acerca de *grad Ψ*. La **hipótesis de Goldman o de campo constante [Goldman-1943]**, asume que

$$\frac{d\Psi}{dx} = cte = \frac{\Delta\Psi}{d}$$

en cuyo supuesto, la integración de (2.6) conduce a (ver apartado 2.1.5.2)

$$J_i = -\frac{D_i F}{RT}\frac{\Delta\Psi}{d}\frac{c_i^{(1)} - c_i^{(2)}\exp[Z_i F\Delta\Psi / RT]}{1-\exp[Z_i F\Delta\Psi / RT]} \qquad (2.7)$$

donde $c_i^{(1)} = c_i^{(0)}$ y $c_i^{(2)} = c_i^{(d)}$, y que se conoce con el nombre de **ecuación de Goldman**.

Considerese ahora dos subsistemas en contacto, a través de cuya interfase no existe transporte de la especie iónica *i* ($J_i = 0$), aunque dicha especie está presente en ambos subsistemas, con concentraciones $c_i^{(j)}$ (j = 1,2). La ecuación (2.6), para el caso de una disolución real, conduce a la siguiente ecuación diferencial:

$$d\Psi = -\frac{RT}{Z_i F}\frac{da_i}{a_i}$$

donde a_i es la actividad de la especie *i*. La ecuación anterior integrada a lo largo de la interfase entre 1 y 2, conduce a la determinación de la diferencia de potencial eléctrico a través de la misma (**potencial de Nerst**)

$$\Psi_2 - \Psi_1 = \Delta\Psi = \frac{RT}{Z_i F}\ln\frac{a_i^{(1)}}{a_i^{(2)}} \qquad (2.8)$$

En el caso de comportamiento ideal de las disoluciones en (1) y (2), la ecuación anterior puede ser sustituida por

$$\Psi_2 - \Psi_1 = \frac{RT}{Z_i F}\ln\frac{c_i^{(1)}}{c_i^{(2)}} \qquad (2.9)$$

ecuación que también se puede deducir de (2.7), sin más que hacer en ella J_i = = 0.

Si uno de los subsistemas, por ejemplo (2), fuese un electrodo sumergido en una disolución (I), sobre el que se deposita la especie i, ésta, al presentarse en el subsistema en estado puro, comporta una actividad igual a 1, por lo que la ecuación (2.8) se reduce, en este caso a

$$\Psi_I^{elect} = \frac{RT}{Z_i F}\ln a_i^{(I)}$$

Si otro electrodo idéntico estuviese sumergido en otra disolución en la que el ión i tuviese una actividad $a_i^{(II)}$, su potencial sería

$$\Psi_{II}^{elect} = \frac{RT}{Z_i F}\ln a_i^{(II)}$$

De este modo, la diferencia de potencial nernstiana entre ambos electrodos, que es una contribución electrónica que se suma a cualquier otra diferencia de potencial que se pueda establecer entre ellos, vendrá dada por

$$\Delta\Psi_N = \Delta\Psi^{elect} = \Psi_{II}^{elect} - \Psi_I^{elect} = \frac{RT}{Z_i F}\ln\frac{a_i^{(II)}}{a_i^{(I)}}$$

Cuando una membrana es permeable a varios iones, y en condiciones de corriente eléctrica nula

$$I = \sum_i F Z_i J_i = 0 \Rightarrow \sum_i Z_i J_i = 0$$

es posible expresar el potencial de membrana, en función de las concentraciones y de las permeabilidades, mediante el uso de (2.7).

La ecuación (2.6) se puede reescribir de la forma

$$J_i = -1000 C_i u_i \left(RT\frac{d\ln C_i}{dx} + Z_i F\frac{d\Psi}{dx} \right), \text{(S.I.)} \qquad (2.10)$$

donde ahora C_i es la concentración molar, resultando la ecuación de Nerst-Planck empleada para describir el transporte iónico bajo un gradiente de concentración, en una disolución electrolítica, bajo la acción de un campo eléctrico **[Ibáñez-1997]**.

Desafortunadamente, la disolución en el seno de una membrana, no se comporta igual que si estuviera retenida en un vaso, dado que el agua puede fluir a través de la membrana. Realmente el flujo de agua puede ser considerable y sumar varias decenas de moles por Faraday de corriente. Este flujo de agua, dirigido eléctricamente, se denomina *flujo electroosmótico.* Se da pues una interacción entre los flujos iónicos y el flujo de agua de hinchamiento, de modo que la ecuación de Nerst-Planck debe ser modificada para tener en cuenta este efecto, añadiendo un término adicional:

$$J_i = -1000 C_i u_i \left(RT\frac{d\ln C_i}{dx} + Z_i F\frac{d\Psi}{dx} \right) + \theta J_w \frac{C_i}{c_w} \qquad (2.11)$$

donde J_w, es el flujo de agua y C_w, su concentración molar en la membrana. θ, es un factor que expresa la eficiencia del acoplamiento de flujos, y exhibe un valor en torno a 0.5, que es el valor teórico si la membrana estuviese en equilibrio mecánico, sin fuerzas externas aplicadas. J_w se debe al efecto electroosmótico y al efecto osmótico, que pueden actuar en el mismo sentido o en sentido opuesto.

De las ecuaciones (2.11) escritas para cada ion y resuelto el sistema resultante, para las condiciones de contorno establecidas, se obtendrán expresiones que describirán las principales propiedades del transporte iónico en la membrana. Ahora bien, la presencia del término J_w impide la separación de variables, y la integración requiere el conocimiento del perfil de concentraciones, $C_i(x)$, lo cual no es el caso. Cuando la electroósmosis predomina sobre la ósmosis ordinaria entonces:

$$J_w \approx W \frac{d\Psi}{dx} \tag{2.12}$$

y el problema se simplifica, aunque la permeabilidad electroosmótica, W, sea una función de la concentración.

Además, para integrar (2.11), se requiere información sobre las movilidades, u_i, y su dependencia con la concentración, aunque normalmente se toman como constantes, que se determinan mediante medidas de conductancia en las membranas. Esto, que es una buena hipótesis para los similiones, no lo es tanto para los contraiones: sus movilidades aumentan cuando la concentración de la disolución aumenta, especialmente en disoluciones diluidas.

Para la mayoría de las membranas, las movilidades de los similiones son del mismo orden que las movilidades en disolución libre (u_i^0) afectadas por un coeficiente reductor dependiente principalmente del hinchamiento de la membrana:

$$u_i = \frac{u_i^0}{k} \tag{2.13}$$

donde

$$k \approx \left[\nu_\omega \left(2 - \nu_\omega\right)\right]^2 \tag{2.14}$$

siendo ν_ω, la fracción en volumen de agua dentro de la membrana.

Los contraiones son más lentos en el seno de las membranas que en disolución libre, en mayor proporción que los similiones, debido a su interacción con la carga fija. Este efecto de retardo es más marcado en disoluciones diluidas y aumenta cuando la valencia del contraión aumenta.

Queda pues expuesto el comportamiento de las membranas intercambiadoras mediante esta teoría de la carga fija, que combina las expresiones del equilibrio Donnan y las ecuaciones modificadas de flujo de Nerst-Planck, y aunque el modelo puede considerarse que describe con exactitud la selectividad iónica, solamente tiene un valor semicuantitativo, para predecir flujos y potenciales, habida cuenta de las dependencias con la concentración de algunos de los parámetros necesarios para describir cada especie iónica. No obstante, la clarificación de la situación debida a esta teoría, proporciona una guía válida de cómo establecer y optimizar un proceso de separación, mediante el uso de membranas intercambiadoras y la aplicación de fuerzas generalizadas de tipo eléctrico, aparte de otras que eventualmente puedan estar presentes.

2.1.2 Limitaciones de las ecuaciones de Nernst-Planck.

Como consecuencia de las aproximaciones realizadas en su deducción, las ecuaciones de Nernst-Planck poseen algunas limitaciones que es conveniente examinar en orden a tenerlas presentes en las aplicaciones concretas de dicha ecuación **[Buck-1984, Pellicer-1988]**.

En el tratamiento general de la T.P.I. el flujo de una especie no sólo está relacionado con el gradiente del potencial electroquímico de dicha especie sino también con los correspondientes gradientes de las restantes especies. En sí misma, la ecuación de Nernst-Planck no es más que una aproximación que surge de la omisión en (2.2) de términos que den cuenta de la interacción entre las distintas especies químicas y que resulta plenamente justificada sólo en el límite de disoluciones diluidas **[Buck-1984]**.

Teniendo en cuenta la naturaleza macroscópica de la ecuación de Nernst-Planck, se deduce la existencia de un límite de aplicabilidad de la misma en la escala espacial. Esta ecuación no es aplicable al estudio del transporte iónico a través de regiones del espacio de volumen comparable al ocupado por un ión más su atmósfera iónica.

Existe también un límite de aplicabilidad en la escala temporal que es del orden de 10^{-13}-10^{-12} s. Por debajo de este límite existen fluctuaciones de inercia de los iones y no puede suponerse, como se ha hecho en (2.2), que existe proporcionalidad entre la velocidad de los iones y la fuerza que actúa sobre ellos. Naturalmente, las situaciones experimentales ordinarias a las que se aplican las ecuaciones de Nernst-Planck están muy lejos de este límite temporal.

La integración de las ecuaciones de Nernst-Planck requiere cierta información sobre los coeficientes de difusión y su dependencia con la concentración. Por último, conviene recordar que la relación de Nernst-Einstein (2.5) sólo es válida en el límite de disoluciones muy diluidas, ya que las movilidades no son propiedades características de las especies sino que, por el contrario, están íntimamente vinculadas al medio y contienen información acerca de la interacción ión-medio circundante. Además, hemos de tener en cuenta que los campos eléctricos fuertes hacen que la relación de Nernst-Einstein deje de cumplirse debido a la deformación de la nube iónica de solvatación, por lo que la aplicación de las ecuaciones de Nerst-Planck a regiones interfaciales donde existan campos eléctricos elevados, no ha de recurrir a la relación de Nernst-Einstein sino trabajar con movilidades y coeficientes de difusión como parámetros independientes, a determinar experimentalmente.

A pesar de todas esta limitaciones, está plenamente aceptado que las ecuaciones de Nerst-Planck son útiles para la descripción cuantitativa de los procesos de transporte, siendo muy buena aproximación a ecuaciones de flujo más complejas en el caso de disoluciones diluidas, si bien son inadecuadas para las más concentradas.

2.1.3 Ecuación de continuidad, ecuación de Poisson y corriente eléctrica nula.

La variación espacial del flujo de cada una de las especies químicas presentes en una disolución, viene descrita por la llamada *ecuación de continuidad* **[Guirao-1994]**

$$\frac{\partial c_i}{\partial t} + \nabla \cdot \vec{J_i} = 0 \tag{2.15}$$

En situación de estado estacionario, la ecuación anterior se reduce a

$$\nabla \cdot \vec{J_i} = 0 \tag{2.16}$$

que, al considerar el transporte monodimensional, nos conducirá a flujos constantes a lo largo de toda la zona de transporte (membrana + capas límite).

Por lo dicho anteriormente, existirá una continuidad de los flujos en la fase disolución y en la fase membrana, de modo que la expresión (2.4), entendida para describir el transporte en disolución, puede emplearse también para estudiar el flujo a través de membranas:

$$J_i = -\overline{D}_i \left(\nabla \overline{C}_i + \frac{F}{RT} z_i \overline{C}_i \nabla \overline{\Psi} \right) \tag{2.17}$$

donde la barra superior indica que se trata de magnitudes correspondientes a la fase de membrana. Las ecuaciones de flujo quedan así particularizadas para todo el sistema de membrana.

Una ecuación más que hay que añadir a la de Nernst-Planck, es la ecuación de corriente eléctrica. Puesto que no incorporamos en este estudio ningún circuito externo que permita el paso de una corriente neta, hemos de escribir una ecuación que especifique la nulidad de la corriente eléctrica:

$$\sum_i z_i J_i = 0 \tag{2.18}$$

Hasta ahora, se han incluido ecuaciones diferenciales acerca de las concentraciones, pero ninguna que diera información del potencial eléctrico. En el estudio del transporte iónico, se debe a Planck la contribución de relacionar el potencial eléctrico local con la densidad local de carga a través de la *ecuación de Poisson* de la Electrostática,

$$\nabla^2\Psi = -\frac{\rho}{\varepsilon} \qquad (2.19)$$

donde ε es la constante dieléctrica del medio **[Aguilella-1989]**, y escribir la densidad local de carga (real), ρ, como suma de las cargas de los iones presentes

$$\rho = F\sum_i z_i C_i \qquad (2.20)$$

2.1.4 Métodos aproximados de solución.

Con las ecuaciones de flujo de Nernst-Planck, la ecuación de corriente eléctrica nula y la ecuación de Poisson **[Lebedev-2003]** el sistema queda completamente descrito. Sin embargo, este conjunto de ecuaciones diferenciales no tiene (salvo en situaciones muy sencillas) una solución analítica: es preciso recurrir a soluciones de tipo numérico.

No obstante, existe una serie de aproximaciones que se han venido dando desde finales del siglo pasado, que permiten simplificar el sistema de ecuaciones y llegar, en algunas ocasiones, a una solución analítica **[Guirao-1994]**.

Se hablará a continuación de tres de estas hipótesis simplificativas. Las dos primeras, electroneutralidad local y campo constante, consisten en reemplazar la ecuación de Poisson por otra de fácil manejo, y la tercera es conocida como aproximación de Henderson **[Henderson-1907, 1908; Schultz-1980]**, la cual consiste en suponer que los perfiles de concentraciones tienen la misma dependencia funcional para todos los iones móviles.

2.1.4.1. La hipótesis de electroneutralidad local.

En 1980, cuando Planck integró las ecuaciones de flujo en el caso de dos disoluciones con un número cualquiera de iones monovalentes, tuvo que admitir que la densidad de carga neta a lo largo de la zona de difusión era prácticamente nula, reemplazando la ecuación de Poisson por la llamada hipótesis de electroneutralidad local (ELC):

$$\sum_i z_i C_i = \sum_i z_i \overline{C}_i + X = 0 \Rightarrow \sum_i z_i \frac{\partial \overline{C}_i}{\partial x} = 0 \qquad (2.21)$$

Suponiendo el transporte como unidimensional y en estado estacionario, la ecuación de flujo de Nernst-Planck se reescribe como

$$J_i = -D_i\left(\frac{dC_i}{dx} + z_i C_i \frac{d\Psi}{dx}\right), \text{ donde } \Psi \equiv \frac{F}{RT}\psi . \qquad (2.22)$$

Utilizando ahora la hipótesis de electroneutralidad local, se obtiene a partir de la ecuación (2.21) las siguientes ecuaciones:

$$-\sum_i j_i = \sum_i \frac{dC_i}{dx} \qquad (2.23) \text{ y}$$

$$-\sum_i z_i j_i = \frac{d\Psi}{dx}\sum_i C_i \qquad (2.24)$$

donde $j_i = {J_i}/{D_i}$ y habiendo tenido en cuenta que $z_i^2 = 1$ (electrólito 1:1). Por tanto, y como $d\Psi = \frac{d\Psi}{dx}dx$, se sigue

$$d\Psi = -\frac{\sum_i z_i j_i}{\sum_i C_i}\frac{d\sum_i C_i}{d\sum_i C_i / dx} \qquad (2.25)$$

que, haciendo uso de (2.23) permite integrar y obtener la diferencia de potencial eléctrico entre los extremos I y II de una zona de difusión

$$\Delta\Psi = \frac{\sum_i z_i j_i}{\sum_i j_i}\ln\frac{\sum_i C_i(II)}{\sum_i C_i(I)}. \qquad (2.26)$$

Aunque esta hipótesis es físicamente plausible y ha demostrado ser de enorme utilidad práctica (pues ha sido la base de un considerable número de integraciones posteriores de las ecuaciones de Nernst-Planck), no es evidente que sea consistente con la ecuación de Poisson . Si la hipótesis de ELC se cumpliese exactamente, el campo eléctrico sería constante a través de la zona de difusión y la resolución de las ecuaciones de Nernst-Planck para las distintas especies presentes se vería simplificada considerablemente por el desacoplamiento de las mismas. Sin embargo, no es ésta la filosofía de la hipótesis de ELC. Se trata de encontrar una solución aproximada de las ecuaciones que considere que, aunque a efectos de la ecuación de Poisson no es posible aplicar ELC, la resolución de las ecuaciones de Nernst-Planck con esta hipótesis no difiera mucho de la que se obtendría con la ecuación de Poisson. La resolución de las ecuaciones con ELC permitiría obtener los perfiles de concentración y de potencial, y este último, llevado a la ecuación de Poisson, permitiría evaluar la densidad de carga residual presente en la zona de difusión. En el caso de que esta densidad de carga, ρ, fuese pequeña en comparación con las concentraciones de las distintas especies cargadas presentes, la solución aproximada obtenida podría considerarse como aceptable. Sin embargo, si ρ fuese comparable con dichas concentraciones, habría que recurrir a una solución con la ecuación de Poisson pues la solución aproximada no sería autoconsistente. En cualquier caso, obsérvese que la solución que resulta con la hipótesis de electroneutralidad no es estríctamente autoconsistente a menos que el campo eléctrico sea estríctamente lineal y ρ siempre sea nula.

Estudios en base a desarrollos asintóticos, muestran que ELC surge como un caso límite de la ecuación de Poisson **[Lebedev-2003]**. De tales desarrollos se concluye que la hipótesis es válida cuando se verifican determinadas exigencias sobre las escalas "espacial" y "temporal". ELC parece fallar claramente cuando alguno de los siguientes cocientes es comparable a la unidad: cociente entre la longitud de Debye y la anchura de la zona de difusión, o relación entre los tiempos de relajación eléctrico y difusional **[Hafemann-1965, Jackson-1974]**.

2.1.4.2. La hipótesis de campo constante.

La hipótesis de campo constante (GCF) o hipótesis de Goldman es una aproximación sobre la ecuación de Poisson que consiste en suponer:

$$\frac{d^2\psi}{dx^2}=0\text{, es decir, }\frac{d\psi}{dx}=cte \qquad (2.27)$$

en cada zona de difusión. La utilidad de esta aproximación es manifiesta, pues permite desacoplar las ecuaciones de Nernst-Planck y Poisson.

Con la hipótesis de campo constante (2.27), la ecuación diferencial (2.22) puede integrarse directamente, resultando para las concentraciones:

$$C_i(x)=A_i\exp(-z_iEx)-\frac{J_i}{z_iD_iE} \qquad (2.28)$$

donde A_i es una constante de integración y hemos denotado el campo eléctrico como E. La constante de integración A_i puede ser hallada considerando las condiciones de contorno de las concentraciones:

$$A_i=\frac{\Delta C_i}{\exp(-z_iE\Delta x)-1} \qquad (2.29)$$

donde $\Delta C_i=C_i(II)-C_i(I)$, con I y II los extremos de la zona de difusión particular que tratemos, y Δx es la anchura de dicha zona.

De esta manera, las concentraciones (2.28) resultan

$$C_i(x)=\frac{\Delta C_i\exp(-z_iEx)}{\exp(-z_i\,E\Delta x)}-\frac{J_i}{z_iD_iE} \qquad (2.30)$$ y

los flujos

$$J_i=z_iD_iE\frac{C_i(II)-C_i(I)\exp(-z_iE\Delta x)}{\exp(-z_iE\Delta x)-1}. \qquad (2.31)$$

2.1.4.3. Aproximación de Henderson.

Introduciendo en la ecuación de corriente nula la expresión de los flujos dada por (2.22) se puede despejar el gradiente de potencial (campo eléctrico), lo que da

$$\frac{d\Psi}{dx} = -\frac{\sum_i z_i D_i \frac{dC_i}{dx}}{\sum_i z_i^2 D_i C_i} . \qquad (2.32)$$

La aproximación de Henderson **[Henderson-1907, 1908; Schultz-1980]** consiste en hacer hipótesis acerca del perfil de concentraciones en una determinada zona de difusión, de manera que (2.42) pueda ser integrada y se puedan calcular diferencias de potencial entre los extremos de dicha zona. Tal aproximación consiste en suponer la siguiente dependencia para las concentraciones:

$$C_i(x) = C_i(I) + \Delta C_i f(x) \qquad . \qquad (2.33)$$

donde $\Delta C_i = C_i(II) - C_i(I)$ y *f(x)* es una función arbitraria, común a todas las especies iónicas, que toma en los extremos de la zona de difusión los valores 0 y 1, respectívamente.

Con las expresiones (2.33) para $C_i(x)$, la ecuación (2.32) toma la forma:

$$\frac{d\Psi}{dx} = -\frac{\alpha \frac{df}{dx}}{\beta + \gamma f} , \qquad . \qquad (2.34)$$

con $\alpha = \sum_i z_i D_i \Delta C_i$, $\beta = \sum_i z_i^2 D_i C_i(I)$, y $\gamma = \sum_i z_i^2 D_i \Delta C_i$, y cuya integración directa es:

$$\Psi = -\frac{\alpha}{\gamma} \ln(\beta + \gamma f) + cte \qquad \ldots \qquad (2.35)$$

Por lo tanto,

$$\Delta\Psi = \Psi(II) - \Psi(I) = \frac{\alpha}{\gamma} \ln \frac{\beta}{(\beta + \gamma)} . \qquad . \qquad (2.36)$$

Como $\beta + \gamma = \sum_i z_i^2 D_i C_i(II)$, queda finalmente:

$$\Delta\Psi = \frac{\sum_i z_i D_i \Delta C_i}{\sum_i z_i^2 D_i \Delta C_i} \ln \frac{\sum_i z_i^2 D_i C_i(I)}{\sum_i z_i^2 D_i C_i(II)} . \qquad \ldots \qquad (2.37)$$

Para los flujos también es posible obtener una expresión en función de las concentraciones interfaciales. Si se introducen las expresiones (2.33) y (2.34) en (2.29) para los flujos, se obtiene:

$$J_i = -D_i \left(\Delta C_i \frac{df}{dx} + z_i \left(C_i(I) + \Delta C_i f(x) \right) \frac{-\alpha \frac{df}{dx}}{\beta + \gamma f} \right) \quad . \quad (2.38)$$

Teniendo en cuenta la descomposición

$$\frac{f \frac{df}{dx}}{\beta + \gamma f} = \frac{1}{\gamma} \frac{df}{dx} - \frac{\beta}{\gamma} \frac{\frac{df}{dx}}{\beta + \gamma f} \quad . \quad (2.39)$$

la ecuación (2.48) se reescribirá en la forma

$$J_i = -D_i \Delta C_i \left(z_i \frac{\alpha}{\beta} - 1 \right) \frac{df}{dx} - D_i z_i \left(C_i(I) - \Delta C_i \frac{\beta}{\gamma} \right) \frac{d\Psi}{dx} \quad (2.40)$$

que integrada entre los extremos I y II de la zona de difusión de interés resulta

$$J_i \Delta x = -D_i \Delta C_i \left(z_i \frac{\alpha}{\beta} - 1 \right) - D_i z_i \left(C_i(I) - \Delta C_i \frac{\beta}{\gamma} \right) \Delta \Psi \, . \quad \ldots \quad (2.41)$$

2.2 ECUACIÓN DE LEVICH.

El objetivo es poder llegar a caracterizar una membrana mediante sus propiedades físicas, utilizando una célula de difusión rotatoria (Capítulo 3) **[Albery-1976, Albery-1981]**. La célula de difusión rotatoria (CDR) se utiliza para investigar los procesos de transporte en sistemas de dos fases. Consta de dos cilindros, uno interior rotante que se introduce dentro del estacionario. El cilindro rotante está conectado a un mecanismo de control de velocidad, por lo que es posible controlar su velocidad de giro. Al girar el cilindro interior, el fluido, en ambos cilindros, girará. En el cilindro interior se coloca una membrana selectiva que separa dos disoluciones acuosas. A través de la membrana se produce un transporte de los iones seleccionados.

La teoría que explica en gran parte el proceso que se produce en estas experiencias fue establecida por Benjamin Levich en 1962 **[Levich-1962]**. Su teoría es mucho más extensa, aunque en este trabajo se recoge de ella sólo lo relevante para el mismo.

2.2.1 Difusión convectiva en los líquidos.

En este punto se supone que se dispone de una disolución, cuya composición viene determinada por su concentración *C*, la cual se define como el número de partículas de materia disueltas por unidad de volumen del líquido. Cuando una disolución está en equilibrio, se satisfacen las siguientes condiciones hidrodinámicas: no hay movimiento macroscópico, y la temperatura *T*, la presión *p* y el potencial químico μ *(T, p, C)* son constantes.

El transporte de soluto en un líquido en movimiento puede estar gobernado por dos mecanismos. Primero, hay una difusión molecular como resultado de una diferencia de concentración. Segundo, las partículas de soluto se desplazan debido al movimiento del líquido y son transportadas con éste. La combinación de estos dos procesos nos da la difusión convectiva del soluto en un líquido.

Para escribir la ecuación diferencial que satisface la función *C(x,y,z,t)* en una disolución en movimiento, se puede suponer que el régimen es laminar y que el líquido es incompresible. La variación de la concentración entre dos puntos origina la difusión del soluto. Si el gradiente de concentración en el líquido es pequeño, se puede suponer que los gradientes de potenciales también lo son. En este caso, el flujo de difusión $\vec{j}$ (número de partículas que pasan a través de una determinada superficie en la unidad de tiempo) se puede escribir como

$$\vec{j}_D = -\alpha grad \mu \tag{2.42}$$

donde α es una constante de proporcionalidad, que se supone positiva. Así pues, la difusión molecular es el mecanismo de transporte de partículas que causa la aparición de un flujo de difusión en el líquido. La ecuación anterior se puede expresar en términos de la concentración, obteniéndose

$$\vec{j}_D = -\alpha \left(\frac{\partial \mu}{\partial C} \right)_{T,p} gradC \tag{2.43}$$

donde se ha supuesto que no hay gradiente de temperatura y que el gradiente de presión es despreciable con respecto al gradiente de concentración. El signo menos indica que el flujo de difusión va desde la región donde la concentración es mayor hacia donde es menor. Se puede introducir el coeficiente de difusión, *D*, que se define mediante la expresión

$$D = \alpha \left(\frac{\partial \mu}{\partial C} \right)_{T,p} , \tag{2.44}$$

con lo que la ecuación (2.43) se reduce a

$$\vec{j} = -DgradC .$$

El coeficiente de difusión *D* es función de la concentración de la disolución y de la temperatura. Si la concentración de la disolución es baja, *D* se puede considerar constante e independiente de la composición. Por tanto, el flujo de difusión es proporcional al gradiente de concentración, en sentido decreciente de la misma.

Pero además del flujo de soluto que se produce debido al gradiente de concentración existente, también se puede producir flujo de materia debido a que la disolución está en movimiento. Es el llamado *flujo convectivo* que viene dado por la expresión

$$\vec{j} = C\vec{v}$$

donde $\vec{v}$ es el caudal (volumen del líquido transportado, por unidad de superficie y unidad de tiempo). Por tanto, el flujo total de masa es la suma de los flujos convectivo y de difusión. En el caso de disoluciones muy diluidas su expresión es

$$\vec{j} = C\vec{v} - DgradC\,. \qquad (2.45)$$

Si se considera un volumen de control *V*, el número de partículas que pasan a través de su superficie *Σ* envolvente, en la unidad de tiempo es

$$Q = -\int_{(\Sigma)} \vec{j}\cdot d\vec{\sigma}\,.$$

Si $\frac{\partial C}{\partial t}$ es el cambio del número de partículas por unidad de volumen y de tiempo, entonces el balance másico para el volumen *V* da $\iiint_{(V)} \frac{\partial C}{\partial t} dV = -\int \vec{j}\cdot d\vec{\sigma}$. Aplicando a la integral del segundo miembro el teorema de la divergencia de *Gauss-Ostrogradsky* [Morse 1953],

$$\iiint_{(V)} \frac{\partial C}{\partial t} dV = -\iiint_{(V)} div\,\vec{j} dV \qquad (2.46)$$

de donde se sigue que

$$\frac{\partial C}{\partial t} = -div\,\vec{j} = div(DgradC) - div(C\vec{v}) \qquad (2.47)$$

Puesto que *D* no depende de la concentración,

$$div(DgraC) = Ddiv(gradC) = D\Delta C\,.$$

Además,

$$div(C\vec{v}) = (\vec{v}grad)C + Cdiv(\vec{v})\,. \qquad (2.47\text{-bis})$$

Como el líquido es incompresible, $div(\vec{v}) = 0$, la ecuación (2.47) se puede escribir como

$$\frac{\partial C}{\partial t} + (\vec{v}grad)C = D\Delta C\,. \qquad (2.48)$$

La ecuación (2.48) es la *ecuación general de la difusión convectiva* (2ª ley de Fick), que en coordenadas cartesianas, se expresa en la forma

$$\frac{\partial C}{\partial t}+v_x\frac{\partial C}{\partial x}+v_y\frac{\partial C}{\partial y}+v_z\frac{\partial C}{\partial z}=D\left(\frac{\partial^2 C}{\partial x^2}+\frac{\partial^2 C}{\partial y^2}+\frac{\partial^2 C}{\partial z^2}\right) \tag{2.49}$$

La resolución de la ecuación (2.49) permitirá conocer la distribución de concentración *C(x, y, z, t)*, aunque será necesario conocer las condiciones iniciales y de contorno.

2.2.2 Cálculo de la velocidad del fluido en la capa límite de difusión.

La ecuación de Navier-Stokes para la velocidad de un fluido, en su forma general es [Zeytoumian-1991]

$$\rho\frac{d\vec{v}}{dt}=\rho\vec{f}-\nabla\left(p+\frac{2}{3}\nu\nabla\vec{v}\right)+2\nabla\cdot(\nu D)$$

siendo ν es la viscosidad cinemática; D el tensor de tasas de deformación, cuyas componentes cartesianas son $d_{ij}=\frac{1}{2}\left(\frac{\partial v_i}{\partial x_j}+\frac{\partial v_j}{\partial x_i}\right),(x_i x_j=x,y,z)$, y $\vec{f}$ la fuerza por unidad de masa ejercida en el elemento de fluido. Dicha ecuación tiene validez cuando $K_n < 10^{-1}$, donde K_n es el *número de Knudsen*, definido por $K_n=\frac{\lambda_0}{L_0}$, siendo λ_0 el valor característico del recorrido libre medio molecular y L_0 la longitud característica de la muestra del fluido.

Por otro lado, en un fluido incompresible (*C = cte.*), de la ecuación (2.47-bis), se sigue para el campo de velocidades la ecuación de continuidad

$$div\vec{v}=\frac{\partial v_x}{\partial x}+\frac{\partial v_y}{\partial y}+\frac{\partial v_z}{\partial z}=0\,.$$

Si se considera el movimiento del fluido en régimen laminar, y se escoge el eje *Y* perpendicular a la superficie de la membrana y el eje *X* tangente a la misma (Figura 2.1), las ecuaciones anteriores toman la forma:

$$v_x\frac{\partial v_x}{\partial x}+v_y\frac{\partial v_x}{\partial y}=-\frac{1}{\rho}\frac{\partial p}{\partial x}+\nu\left(\frac{\partial^2 v_x}{\partial x^2}+\frac{\partial^2 v_x}{\partial y^2}\right) \tag{2.50}$$

$$v_x\frac{\partial v_y}{\partial x}+v_y\frac{\partial v_y}{\partial y}=-\frac{1}{\rho}\frac{\partial p}{\partial y}+\nu\left(\frac{\partial^2 v_y}{\partial x^2}+\frac{\partial^2 v_y}{\partial y^2}\right) \tag{2.51}$$

$$\frac{\partial v_x}{\partial x}+\frac{\partial v_y}{\partial y}=0\,. \tag{2.52}$$

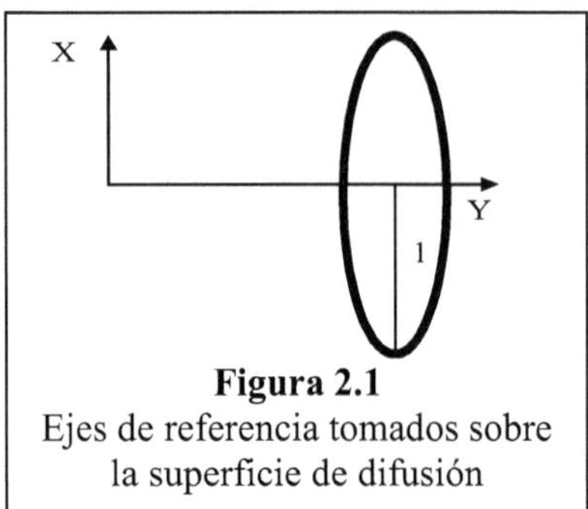

Figura 2.1
Ejes de referencia tomados sobre la superficie de difusión

Si se designa al espesor de la capa límite como δ_0, y la dimensión característica del cuerpo (membrana) es l, se puede suponer que el cambio de velocidad a lo largo del eje Y se produce dentro de δ_0, y en el eje X sobre distancias del orden de l. La zona de movimiento del fluido se puede dividir en dos regiones: una en la que no hay efecto viscoso del fluido y otra en la que los efectos de la viscosidad del mismo son notables. En la primera región, se pueden omitir los términos de la viscosidad en la ecuación de *Navier-Stokes* y además, se puede suponer que $\delta_0 << l$. Por otro lado, se puede definir unas coordenadas adimensionales, que se definen en la forma

$$x = lX\ , \quad y = \delta_0 Y\ ,$$

cuyo rango es $0 \le X \le 1$ y $0 \le Y \le 1$.

Con estas nuevas coordenadas, las ecuaciones (2.50) – (2.52) se transforman en

$$\frac{v_x}{l}\frac{\partial v_x}{\partial X} + \frac{v_y}{\delta_0}\frac{\partial v_x}{\partial Y} = -\frac{1}{\rho l}\frac{\partial p}{\partial X} + \frac{\nu}{l^2}\frac{\partial^2 v_x}{\partial X^2} + \frac{\nu}{\delta_0}\frac{\partial^2 v_x}{\partial Y^2} \qquad (2.50')$$

$$\frac{v_x}{l}\frac{\partial v_y}{\partial X} + \frac{v_y}{\delta_0}\frac{\partial v_y}{\partial Y} = -\frac{1}{\rho l}\frac{\partial p}{\partial Y} + \frac{\nu}{l^2}\frac{\partial^2 v_y}{\partial X^2} + \frac{\nu}{\delta_0}\frac{\partial^2 v_y}{\partial Y^2} \qquad (2.51')$$

$$\frac{1}{l}\frac{\partial v_x}{\partial X} + \frac{1}{\delta_0}\frac{\partial v_y}{\partial Y} = 0\,. \qquad (2.52')$$

La ecuación (2.52') permite comparar las componentes de la velocidad, resultando

$$v_y = -\frac{\delta_0}{l}\int_0^1 \frac{\partial v_x}{\partial X}\,dY\,. \qquad (2.52'\text{-bis})$$

Levich [Levich-1962] evaluó cuantitativamente los términos de las ecuaciones anteriores, con el objetivo de simplificarlas. En estas aproximaciones, simplemente se asemejan magnitudes que poseen el mismo orden de magnitud. Por ejemplo,

$$v_x = \frac{\Delta x}{\Delta t} = \frac{l}{\Delta t} \cong l, \qquad \text{(aprox-1)}$$

donde se ha supuesto que la velocidad del fluido a lo largo del eje X (eje radial) es constante, y siendo l una longitud característica de la membrana. Además, el tiempo que tarda el fluido en recorrer radialmente la membrana, se toma del orden de 1 s.

De esta manera, se puede evaluar $\frac{\partial v_x}{\partial x}$, resultando

$$\frac{\partial v_x}{\partial x} = \frac{\partial\left(\frac{x}{\Delta t}\right)}{\partial x} = \frac{1}{\Delta t} \cong 1, \qquad \text{(aprox-2)}$$

de modo que la integral $\int_0^1 \frac{\partial v_x}{\partial X} dY$ de la ecuación (2.52'-bis) puede evaluarse, resultando

$$\int_0^1 \frac{\partial v_x}{\partial X} dY = \int_0^1 \frac{\partial v_x}{\partial\left(\frac{x}{l}\right)} dY = \int_0^1 l \frac{\partial v_x}{\partial x} dY \cong l \int_0^1 dY \cong l \cong v_x \qquad \text{(aprox-3)}$$

por lo que (2.52'-bis) queda

$$v_y \cong \frac{\delta_0}{l} v_x << v_x. \qquad \text{(2.52'')}$$

También se pueden evaluar los términos que aparecen en la ecuación (2.50). Para ello hay que tener en cuenta que la velocidad radial a la membrana del fluido, es variable en la dirección perpendicular a la misma. Si suponemos que esta variación es lineal (movimiento uniformemente variado), se tiene que $v_x = \frac{2}{\Delta t} \Delta y$, donde si se sigue haciendo la aproximación $\Delta t \cong 1s$, y se tiene en cuenta que la zona donde cambia la componente perpendicular de la velocidad es el espesor de la capa límite ($\Delta y \cong \delta_0$), se llega a $v_x \cong 2\delta_0$. Por lo que,

$$\frac{\partial v_x}{\partial Y}=\frac{\partial\left(\frac{2y}{\Delta t}\right)}{\frac{\partial y}{\delta_0}}=\frac{\frac{2}{\Delta t}\partial y}{\partial y}\delta_0\cong 2\delta_0\cong v_x\,, \qquad \text{(aprox-4)}$$

y

$$\frac{\partial^2 v_x}{\partial Y^2}=\frac{\partial}{\partial Y}\left(\frac{\partial v_x}{\partial Y}\right)\cong\frac{\partial v_x}{\partial Y}\cong v_x \qquad \text{(aprox-5)}$$

resultando

$$\frac{\partial v_x}{\partial Y}\cong\frac{\partial^2 v_x}{\partial Y^2}\cong v_x\,. \qquad \text{(aprox-6)}$$

Del mismo modo, evaluando el cambio de la componente radial de la velocidad respecto a X, se obtiene

$$\frac{\partial v_x}{\partial X}=\frac{\partial\left(\frac{x}{\Delta t}\right)}{\partial\left(\frac{x}{l}\right)}=\frac{l}{\Delta t}\cong v_x;\ \frac{\partial^2 v_x}{\partial X^2}=\frac{\partial}{\partial X}\left(\frac{\partial v_x}{\partial X}\right)\cong\frac{\partial v_x}{\partial X}\cong v_x\,, \qquad \text{(aprox-7)}$$

es decir,

$$\frac{\partial v_x}{\partial X}\cong\frac{\partial^2 v_x}{\partial X^2}\cong v_x\,, \qquad \ldots. \qquad \text{(aprox-8)}$$

y así, los términos del segundo miembro de la ecuación (2.50') quedan

$$\frac{\nu}{l^2}\frac{\partial^2 v_x}{\partial X^2}\cong\frac{v_x}{l^2}\nu;\ \ \frac{\nu}{\delta_0^{\,2}}\frac{\partial^2 v_x}{\partial Y^2}\cong\frac{v_x}{\delta_0^{\,2}}\nu\,,$$

mientras que para los del primer miembro de (2.51'), se tiene,

$$\frac{v_x}{l}\frac{\partial v_x}{\partial X}\cong\frac{v_x^2}{l};\ \ \frac{v_y}{\delta_0}\frac{\partial v_x}{\partial Y}\cong\frac{v_x v_y}{\delta_0}\cong\frac{v_x^2}{l} \qquad \text{(utilizando (2.52''))}.$$

Por tanto, la ecuación (2.50) se puede escribir de la forma

$$v_x\frac{\partial v_x}{\partial x}+v_y\frac{\partial v_x}{\partial y}=-\frac{1}{\rho}\frac{\partial p}{\partial x}+\nu\frac{\partial^2 v_x}{\partial y^2}\,. \qquad (2.53)$$

Una vez conocido que todos los términos de la ecuación (2.53) son del mismo orden de magnitud, se puede estimar el espesor de la capa límite, sabiendo que, cuantitativamente,

$$\frac{v_x}{l}\frac{\partial v_x}{\partial X}\cong\frac{\nu}{\delta_0^2}\frac{\partial^2 v_x}{\partial Y^2}\,.$$

Si la velocidad v_x en el límite de la capa límite tiene el valor U_0, la ecuación anterior queda

$$\frac{U_0}{l} \cong \frac{\nu}{\delta_0^2}, \text{ o } \delta_0 \cong \sqrt{\frac{\nu l}{U_0}}.$$

La transición de fluido viscoso dentro de la capa límite a no viscoso en el exterior de la misma debe ser suave y gradual. De ahí que se debe definir dónde se marca el límite de dicha capa límite. La cantidad δ_0 representa el espesor de la región donde se produce el cambio de v_x, desde *0* hasta U_0.

Si se evalúa ahora los gradiente de presión en ambas direcciones, con las aproximaciones realizadas, de la ecuación (2.53) se puede obtener que

$$\frac{1}{\rho}\frac{\partial p}{\partial x} \cong \frac{U_0^2}{l}.$$

Con los términos de la ecuación (2.51), debido a que $v_y \cong \frac{\delta_0}{l} v_x$, el orden de magnitud es menor que los de los términos de la ecuación (2.50) en un factor $\frac{\delta_0}{l}$, de acuerdo con lo cual, para la dirección normal a la superficie de la membrana, el gradiente de presión viene dado por

$$\frac{1}{\rho}\frac{\partial p}{\partial y} \cong \frac{\delta_0 U_0^2}{l^2}.$$

Comparando ambos gradientes de presión, se obtiene

$$\frac{\partial p}{\partial y} \cong \frac{\delta_0}{l}\frac{\partial p}{\partial x},$$

lo que significa que el gradiente de presión en la dirección normal a la superficie, comparado el gradiente de presión en la dirección tangencial, es despreciable,

$$\frac{\partial p}{\partial y} = 0. \qquad (2.54)$$

por lo que la ecuación (2.53) queda

$$v_x \frac{\partial v_x}{\partial x} + v_y \frac{\partial v_x}{\partial y} = \nu \frac{\partial^2 v_x}{\partial y^2}. \qquad (2.55)$$

Las condiciones de contorno que han de aplicarse para la solución del problema son $v_x = v_y = 0$ para $y = 0$; $v_x \to U_0$ cuando $y \to \infty$ (fuera de la capa límite).

Para dicha solución, se define una función ψ de la siguiente manera

$$v_x = \frac{\partial \psi}{\partial y}, \; v_y = -\frac{\partial \psi}{\partial x},$$

por lo que la ecuación (2.52) se convierte en una identidad. También es conveniente definir una nueva variable adimensional, dada por

$$\eta = \frac{1}{2}\sqrt{\frac{U_0}{\nu x}} \cdot y ,$$

que se relaciona con la función ψ de la siguiente manera

$$\psi = \sqrt{\nu U_0 x} \cdot f(\eta) .$$

Por tanto, para las componentes de la velocidad se tiene las siguientes expresiones

$$v_x = \frac{\partial \psi}{\partial y} = \frac{1}{2} U_0 f'(\eta),$$

$$v_y = -\frac{\partial \psi}{\partial x} = \frac{1}{2}\sqrt{\frac{\nu U_0}{x}}(\eta f' - f),$$

$$\frac{\partial v_x}{\partial x} = -\frac{1}{4}\frac{U_0}{x}\eta f'' ,$$

$$\frac{\partial v_x}{\partial y} = \frac{U_0}{4}\sqrt{\frac{U_0}{\nu x}} f'' ,$$

$$\frac{\partial^2 v_x}{\partial y^2} = \frac{1}{8} U_0 \frac{U_0}{\nu x} f''' .$$

Sustituyendo las cantidades correspondientes en la ecuación (2.55), se obtiene

$$f''' + f'' f = 0 .$$

Aplicando las condiciones de contorno para v_x y v_y,

$$f = f' = 0 \ \text{ para } \eta = 0$$

y

$$f' = 2 \ \text{ para } \eta \to \infty .$$

Haciendo $f''(0) = \alpha$, el desarrollo en serie de la función f resulta

$$f = \frac{\alpha\eta^2}{2!} - \frac{\alpha^2\eta^5}{5!} + \frac{11\alpha^3\eta^8}{8!} + \ldots$$

Este desarrollo es útil para valores pequeños de η. Los valores se han determinado mediante integración numérica [Sovremennor-1938], obteniendo

$$\alpha = 1{,}33 .$$

Si el espesor de la capa límite δ_0 se define como la distancia a la superficie a la que v_x tiene un valor igual al 90% de U_0, se obtiene, mediante dicha integración numérica **[Levich-1962]** que

$$\delta_0 = 5.2\sqrt{\frac{\nu x}{U_0}}. \qquad (2.56)$$

Así mismo, las componentes de la velocidad obtenidas son

$$v_x = \frac{U_0}{2}\left(\alpha\eta - \frac{\alpha^2\eta^4}{4!} + ...\right) \approx \frac{1.33U_0}{4}\sqrt{\frac{U_0 y^2}{\nu x}} \approx \frac{U_0 y}{\delta_0} \qquad (2.57)$$

$$v_y \approx \frac{\alpha}{4}\sqrt{\frac{U_0\nu}{x}}\eta^2 \approx \frac{\alpha}{16}\frac{U_0^{3/2} y^2}{\nu^{1/2} x^{3/2}} \approx \frac{\nu y^2}{\delta_0^3}. \qquad (2.58)$$

2.2.3 Teoría general para la difusión convectiva en los líquidos.

Para llegar a la ecuación dada por Levich que rige el proceso de difusión para los líquidos, se puede partir de los números adimesionales que caracterizan el movimiento de un fluido. Tales son el *número de Reynolds, el número de Prandtl y el número de Peclet.*

El *número de Reynolds* es la relación entre los términos convectivos y los términos viscosos de las ecuaciones de Navier-Stokes que gobiernan el movimiento de los fluidos, permite predecir el carácter turbulento o laminar en ciertos casos y viene dado por la siguiente fórmula:

$$Re = \frac{U_0 L}{\nu} \qquad (2.59)$$

donde U_0 representa la velocidad característica del movimiento del fluido, L es el radio de la parte interior del cilindro por el que se mueve el fluido (Figura 2.2), y ν es la viscosidad cinemática del mismo.

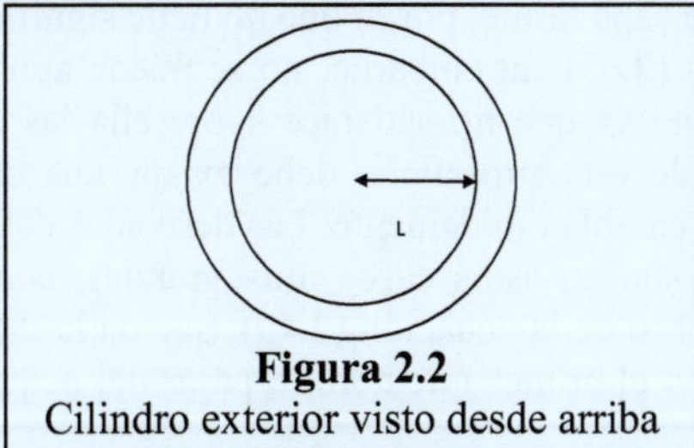

Figura 2.2
Cilindro exterior visto desde arriba

Por otra parte, el *número de Peclet* viene dado por,

$$Pe = \frac{U_0 L}{D} \qquad (2.60)$$

y por último, el *número de Prandtl* es otro número adimensional proporcional al cociente entre la viscosidad y el coeficiente de difusión y se define como la relación entre el *número de Peclet* y el *número de Reynolds*:

$$Pr = Pe / Re = \frac{U_0 L}{D} : \frac{U_0 L}{n} = \frac{n}{D} \tag{2.61}$$

El número de Prandtl no es función de la velocidad del fluido o de las dimensiones del contenedor del mismo, sino que está determinado exclusivamente por las propiedades físicas del proceso de transporte de materia, en un mecanismo puramente molecular. El alto valor del *número de Prandtl* en los líquidos tiene una importancia considerable. De ahí que *Pe* sea mayor que la unidad para valores de *Re* tan bajos como 10^{-2}.

Para los valores del *número de Reynolds* encontrados normalmente en los experimentos, el *número de Peclet* es muy alto. Esto hace que para valores relativamente pequeños del *número de Reynolds*, el proceso de transporte este dominado por la difusión convectiva sobre la difusión molecular.

La ecuación de la difusión convectiva (2.49) se puede simplificar, puesto que el término $D\Delta c$ es despreciable respecto al término convectivo, quedando

$$v_x \frac{\partial C}{\partial x} + v_y \frac{\partial C}{\partial y} + v_z \frac{\partial C}{\partial z} = 0 . \tag{2.62}$$

Una de las soluciones de la ecuación (2.53) es

$$C = const . \tag{2.63}$$

Otra posible solución para la ecuación (2.62) es una distribución de concentración tal que el gradiente de concentración en todos los puntos sea perpendicular al vector velocidad. Sin embargo, esta solución no satisface las condiciones de capa límite, por lo que no tiene significado físico.

La solución (2.63) sin embargo, no se puede aplicar cerca de la superficie de la membrana ya que no satisface sobre ella las condiciones para la capa límite. Cerca de esta superficie, debe existir una capa líquida en la que la concentración cambia rápidamente. Las derivadas de la concentración respecto a la distancia son en estos casos muy grandes, con lo que el resultado del segundo miembro de la ecuación (2.49), que da la difusión molecular, se hace comparable con el primer miembro, a pesar del pequeño valor del coeficiente de difusión.

Además, para valores altos del *número de Peclet*, el líquido se puede dividir en dos regiones: la primera, una región de concentración constante, lejos de la superficie de difusión, y la segunda, una región en la que cambia rápidamente la concentración (capa límite en las inmediaciones de la membrana).

Se define δ como la distancia normal a la superficie de la membrana dentro de la capa límite, por lo que $y < \delta < \delta_0$. Considerando que el fluido se mueve en régimen laminar, en paralelo con la superficie de difusión y se escoge el eje *Y* como el perpendicular a la misma, así como el eje *X* sobre ella (Figura 2.1), siendo l el radio de la superficie de difusión (membrana) y situándose en la zona de la capa límite de difusión, donde $y \approx \delta$, se tiene que

$$\frac{\partial C}{\partial x} \approx \frac{C}{l},$$

$$\frac{\partial C}{\partial y} \approx \frac{C}{\delta},$$

$$\frac{\partial^2 C}{\partial x^2} \approx \frac{C}{l^2} \tag{2.64}$$

$$\frac{\partial^2 C}{\partial y^2} \approx \frac{C}{\delta^2} \tag{2.65}$$

por lo que

$$\frac{\partial^2 C}{\partial y^2} >> \frac{\partial^2 C}{\partial x^2} \tag{2.66}$$

de modo que la ecuación para la difusión convectiva (2.49) en la capa límite de difusión toma la forma

$$v_x \frac{\partial C}{\partial x} + v_y \frac{\partial C}{\partial y} = D \frac{\partial^2 C}{\partial y^2} \tag{2.67}$$

además,

$$v_y \frac{\partial C}{\partial y} \approx v_y \frac{C}{\delta}. \tag{2.68}$$

Utilizando los valores para las componentes de la velocidad cerca de la superficie de la membrana, expresadas en (2.57) y (2.58), se llega a

$$v_y \frac{\partial C}{\partial y} \approx \frac{v \delta C}{\delta_0^3}$$

y

$$v_x \frac{\partial C}{\partial x} \approx U_0 \frac{\delta}{\delta_0} \frac{C}{x} \approx v_y \frac{C}{\delta} \approx v_y \frac{\partial C}{\partial y}$$

debido a que $\frac{\partial v_x}{\partial x} \approx U_0 \frac{\delta}{\delta_0 x} \approx \frac{\partial v_y}{\partial y} \approx \frac{v_y}{\delta}$ (por la *ecuación de continuidad*).

Finalmente

$$D\frac{\partial^2 C}{\partial y^2} \approx \frac{DC}{\delta^2}. \quad (2.69)$$

Para valores de $y < \delta_0$, el término de difusión en la ecuación (2.67) es despreciable, mientras que, para $y = \delta_0$, es comparable con el término convectivo.

Combinando (2.67) y (2.69) se obtiene, para $y = \delta_0$,

$$\nu\delta \frac{C}{\delta_0^3} \approx \frac{DC}{\delta^2} \quad (2.70)$$

donde el espesor de la capa de difusión es

$$\delta \approx \left(\frac{D}{\nu}\right)^{1/3} \delta_0 = \frac{\delta_0}{Pr^{1/3}} \quad (2.71)$$

Sustituyendo (2.56) en (2.71) se llega a

$$\delta \approx D^{1/3}\nu^{1/6}\sqrt{\frac{x}{U_0}} \quad (2.72)$$

Por tanto, el espesor de la capa límite de difusión es inversamente proporcional a la raíz cuadrada de U_0 y de x, y función de la viscosidad y el coeficiente de difusión de los iones (Figura 2.3).

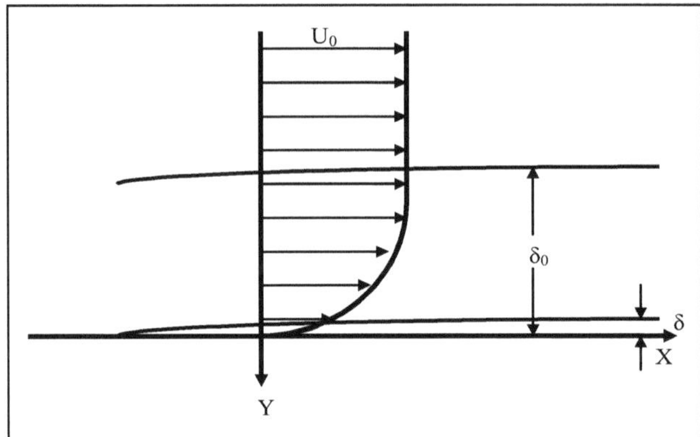

Figura 2.3
Espesor de las capas límite de difusión e hidrodinámica

Dentro de la capa límite de difusión, la concentración calculada de la disolución muestra un rápido cambio. Como primera aproximación, la concentración cambia de forma lineal. La expresión para el flujo de difusión puede aproximarse por

$$j = \frac{DC_0}{\delta}$$

es decir, la misma forma que en la teoría de Nernst, siendo C_0 la concentración inicial antes de que haya transporte de soluto. En este caso, sin embargo, δ es función de las propiedades físicas del líquido, de su velocidad, y también del coeficiente de difusión.

Las distribuciones de la concentración y el flujo de difusión pueden derivarse más rigurosamente de una solución exacta de la ecuación (2.67). Sin embargo, sólo se pueden obtener estas soluciones, para el caso de configuraciones extremadamente simples.

Es conveniente en este punto comparar el concepto de capa límite de difusión, definido por la expresión (2.72), con el concepto de capa de difusión basado en la teoría de Nernst.

El concepto de capa límite presentado aquí difiere del concepto presentado en la teoría de Nernst:

1. En el análisis de Levich se tiene en cuenta el movimiento del líquido y la transferencia de masa convectiva inducida por el mismo, mientras que Nernst consideraba que el líquido estaba estático.

2. Levich tiene en cuenta la difusión convectiva y molecular a través y a lo largo de la capa límite. Sin embargo Nernst considera que el espesor de la capa límite no cambia a lo largo de la membrana, y la difusión en la dirección tangencial es despreciada. Actualmente se sabe que el espesor de la capa de difusión varía a lo largo de la membrana, debido al transporte tangencial de partículas.

3. Nernst supone que el espesor de la capa límite es constante para un régimen de movimiento dado. La ecuación (2.72) muestra que el espesor de la capa límite no sólo es función de las propiedades físicas y de la velocidad de la disolución, sino también del coeficiente de difusión. Esto indica que dicho espesor dependerá de la especie con la que se trabaje, por lo que tanto el coeficiente de difusión como el espesor de la capa límite es propio de cada caso.

2.2.4 Solución de la ecuación para la difusión convectiva en una célula rotatoria.

Las ecuaciones para la difusión convectiva adquieren su forma más simple cuando la difusión se produce en una CDR. Von Karman **[Karman-1948]** y, posteriormente, Cochran **[Cochran-1934]** resolvieron el problema en el que un líquido accede a la CDR en la dirección perpendicular a la superficie de la membrana. Según la solución exacta de Cochran de la ecuación hidrodinámica, lejos del disco rotatorio, el fluido se mueve hacia el disco, mientras que, en una fina capa inmediatamente adyacente a la superficie de la membrana, el líquido adquiere un movimiento rotatorio. La velocidad angular del fluido crece cuando el líquido se aproxima al disco rotatorio, hasta que alcanza la velocidad angular del mismo. Además, el fluido también adquiere una velocidad radial bajo la influencia de la fuerza centrífuga.

A continuación presentaremos las principales consideraciones para determinar la distribución de velocidades. Este problema es de especial interés en hidrodinámica, porque es uno de los pocos casos en los que se puede obtener una solución exacta de la ecuación fundamental de la misma, la cual da la distribución de velocidades a través de un líquido viscoso.

Para conocer el movimiento de un fluido incrompresible se necesita conocer en cada punto, y para cada instante de tiempo, las componentes de la velocidad del fluido v y la presión p. Estas componentes se obtienen de la *ecuación de continuidad* y de las *ecuaciones de Navier-Stokes* **[Constantin-2008]**, que en coordenadas cilíndricas (r, φ, y) tienen la forma (suponiendo que el disco es lo suficientemente grande como para despreciar los efectos de contorno)

$$\frac{v_\varphi}{r}\frac{\partial v_r}{\partial \varphi}+v_r\frac{\partial v_r}{\partial r}-\frac{v_\varphi^2}{r}+v_y\frac{\partial v_r}{\partial y}=-\frac{1}{\rho}\frac{\partial p}{\partial r}+\nu\left(\Delta v_r-\frac{v_r}{r^2}-\frac{2}{r^2}\frac{\partial v_\varphi}{\partial \varphi}\right) \tag{2.73}$$

$$\frac{v_\varphi}{r}\frac{\partial v_\varphi}{\partial r}+v_r\frac{\partial v_\varphi}{\partial r}+\frac{v_r v_\varphi}{r}+v_y\frac{\partial v_\varphi}{\partial y}=-\frac{1}{\rho r}\frac{\partial p}{\partial \varphi}+\nu\left(\Delta v_\varphi-\frac{2}{r^2}\frac{\partial v_r}{\partial \varphi}-\frac{v_\varphi}{r^2}\right) \tag{2.74}$$

$$\frac{v_\varphi}{r}\frac{\partial v_y}{\partial \varphi}+v_r\frac{\partial v_y}{\partial r}+v_y\frac{\partial v_y}{\partial y}=-\frac{1}{\rho}\frac{\partial p}{\partial y}+\nu\Delta v_y \tag{2.75}$$

$$\frac{1}{r}\frac{\partial v_\varphi}{\partial \varphi}+\frac{\partial v_r}{\partial r}+\frac{v_r}{r}+\frac{\partial v_y}{\partial y}=0 \tag{2.76}$$

donde v_r, v_φ, y v_y son las componentes radial, tangencial y axial de la velocidad (Figura 2.4), respectivamente y donde se ha tenido en cuenta que el operador laplaciano, en esas coordenadas, está dado por

$$\Delta=\frac{\partial^2}{\partial r}+\frac{1}{r}\frac{\partial}{\partial r}+\frac{1}{r^2}\frac{\partial^2}{\partial \varphi^2}+\frac{\partial^2}{\partial y^2}$$

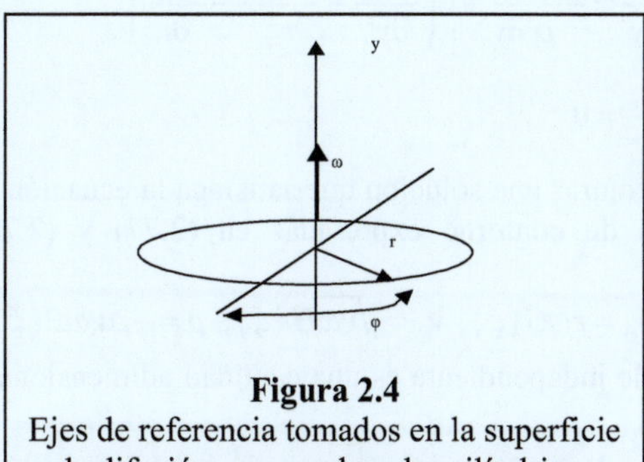

Figura 2.4
Ejes de referencia tomados en la superficie de difusión. en coordenadas cilíndricas

En la superficie del disco se deben satisfacer las siguientes condiciones de contorno:

$$v_r = 0\,,\; v_\varphi = \omega r\,,\; \text{y}\; v_y = 0 \;\text{ en }\; y = 0\,. \tag{2.77}$$

donde ω es la velocidad angular del disco rotatorio. La condición en la componente tangencial de la velocidad, v_φ, implica que el líquido rota con el disco cerca de él. La componente radial de la velocidad va desde el centro del disco hacia su borde. Además, debe haber líquido suministrándose hacia la superficie del disco continuamente, por lo que debe mantenerse un flujo axial (vertical). Además, las condiciones de contorno a distancia infinita son:

$$v_r = 0\,,\; v_\varphi = 0\,,\; \text{y}\; v_y = -U_0 \;\text{ en }\; y \to \infty\,. \tag{2.78}$$

El valor de U_0 viene determinado por la propia solución del problema. El signo menos indica que la velocidad del fluido va hacia el disco en la dirección negativa del eje *Y*. A causa de la simetría cilíndrica del problema, todas las derivadas respecto al ángulo φ se anulan. Por otra parte, la presión en el fluido se puede considerar constante a lo largo del radio *r*. Por tanto, las ecuaciones desde (2.73) - (2.76) se transforman en:

$$v_r \frac{\partial v_r}{\partial r} - \frac{v_\varphi^2}{r} + v_y \frac{\partial v_r}{\partial y} = \nu \left(\frac{\partial^2 v_r}{\partial y^2} + \frac{\partial^2 v_r}{\partial r^2} + \frac{1}{r}\frac{\partial v_r}{\partial r} - \frac{v_r}{r^2} \right) \tag{2.79}$$

$$v_r\frac{\partial v_\varphi}{\partial r}+\frac{v_r v_\varphi}{r}+v_y\frac{\partial v_\varphi}{\partial y}=\nu\left(\frac{\partial^2 v_\varphi}{\partial y^2}+\frac{\partial^2 v_\varphi}{\partial r^2}+\frac{1}{r}\frac{\partial v_\varphi}{\partial r}-\frac{v_\varphi}{r^2}\right) \tag{2.80}$$

$$v_r\frac{\partial v_y}{\partial r}+v_y\frac{\partial v_y}{\partial y}=-\frac{1}{\rho}\frac{\partial p}{\partial y}+\nu\left(\frac{\partial^2 v_y}{\partial y^2}+\frac{\partial^2 v_y}{\partial r^2}+\frac{1}{r}\frac{\partial v_y}{\partial r}\right) \tag{2.81}$$

$$\frac{\partial v_r}{\partial r}+\frac{v_r}{r}+\frac{\partial v_y}{\partial y}=0$$

Se puede encontrar una solución que satisfaga la ecuación de continuidad y las condiciones de contorno expresadas en (2.77) y (2.78), de la forma **[Levich-1962]**:

$$v_r r\omega F(\xi),\ v_\varphi=r\omega G(\xi),\ v_y=\sqrt{\nu\omega}H(\xi),\ p=-\rho\nu\omega P(\xi).$$

donde la variable independiente es una cantidad adimensional que viene dada por la expresión

$$\xi=\sqrt{\frac{\omega}{\nu}}y \tag{2.82}$$

y donde F, G, H y P son funciones desconocidas que satisfacen las ecuaciones:

$$F^2-G^2+F'H=F'' \tag{2.83}$$

$$2FG+G'H=G'' \tag{2.84}$$

$$HH'=P'+H'' \tag{2.85}$$

$$2F+H'=0 \tag{2.86}$$

con las condiciones de contorno

$$F=0,\ G=1,\ H=0 \text{ para } \xi=0. \tag{2.87}$$

$$F\to 0,\ G\to 0,\ H\to-\alpha \text{ para } \xi\to\infty \tag{2.88}$$

las cuales se obtienen sustituyendo las definiciones de v_r, v_φ y v_y en las ecuaciones de Navier-Stokes y de continuidad, e introduciendo las condiciones de contorno y donde la constante α se define como $\alpha=\frac{U_0}{\sqrt{\nu\omega}}$.

Las funciones F, G y H pueden satisfacer las ecuaciones y las condiciones de contorno a través de un desarrollo en serie, siendo las condiciones de contorno para H lo que marca las aproximaciones a realizar en los desarrollos en serie de las ecuaciones. Cuando $H\to-\alpha$ para $\xi\to\infty$, y como las funciones F y G se hacen muy pequeñas para $\xi\to\infty$, es posible omitir los términos cuadráticos en la ecuación (2.84), y reescribirla de la forma

$$-F'\alpha\cong F'' \text{ cuando } \xi\to\infty$$

Integrando se obtiene

$$F\cong e^{-\alpha\xi} \text{ cuando } \xi\to\infty$$

De manera similar, cuando $\xi \to \infty$, la ecuación (2.85) adquiere la forma

$$-G'\alpha \cong G'',$$

de la que sigue la expresión

$$G \cong e^{-\alpha\xi} \text{ cuando } \xi \to \infty$$

Los primeros términos, por tanto, del desarrollo en serie de F, G y H, que satisfacen las ecuaciones (2.84), (2.85) y (2.86), así como las condiciones de contorno (2.87) y (2.88) son

$$F = Ae^{-\alpha\xi} - \frac{A^2+B^2}{2\alpha^2}e^{-2\alpha\xi} + \frac{A\left(A^2+B^2\right)}{4\alpha^4}e^{-3\alpha\xi} + ...$$

$$G = Be^{-\alpha\xi} - \frac{B\left(A^2+B^2\right)}{12\alpha^4}e^{-3\alpha\xi} + ...$$

$$H = -\alpha + \frac{2A}{\alpha}e^{-\alpha\xi} - \frac{A^2+B^2}{2\alpha^3}e^{-2\alpha\xi} + \frac{A\left(A^2+B^2\right)}{6\alpha^5}e^{-3\alpha\xi} + ...$$

De la misma manera, se pueden hacer los desarrollos en serie para valores pequeños de ξ, satisfaciendo las ecuaciones y las condiciones de contorno:

$$F = a\xi - \frac{\xi^2}{2} - \frac{1}{3}b\xi^3 + ...$$

$$G = 1 + b\xi + \frac{1}{3}a\xi^3 + ...$$

$$H = -a\xi^2 + \frac{1}{3}\xi^3 + ...$$

La integración numérica da los siguientes valores para las constantes que aparecen en las ecuaciones anteriores **[Sparrow-1959]**:
a = 0.51023, b = -0.616, A = 0.934, B = 1.208, α = 0.88447

de modo que en primera aproximación, los valores de v_y que se obtienen son

$$v_y \approx -0.89\sqrt{\nu\omega} \text{ cuando } y \to \infty \tag{2.89}$$

$$v_y \approx -0.51\sqrt{\frac{\omega^3}{\nu}}y^2 \text{ para } y << \sqrt{\frac{\nu}{\omega}} \tag{2.90}$$

Si se estudia el comportamiento de las funciones F, G y H en función de ξ, se ve cómo éstas decrecen exponencialmente cuando se incrementa ξ. De este comportamiento se obtienen que para un valor de $\xi \approx 3.6$, el cual se corresponde con $y = \delta_0$, donde

$$\delta_0 = 3.6\sqrt{\frac{\nu}{\omega}} \tag{2.91}$$

v_y alcanza el 80% de su valor límite, y la velocidad v_φ decrece hasta 0.05 veces su valor en la superficie del disco. Por tanto, de acuerdo con la ecuación (2.91), se puede considerar δ_0 como la definición del espesor de la capa límite hidrodinámica en la superficie del disco. Dentro de la capa límite, las componentes tangencial y radial de la velocidad no son nulas, mientras que más allá de la capa límite existe sólo movimiento axial.

Formulemos ahora el problema de la difusión, cuya ecuación en coordenadas cilíndricas toma la forma

$$v_r \frac{\partial C}{\partial r} + \frac{v_\varphi}{r}\frac{\partial C}{\partial \varphi} + v_y \frac{\partial C}{\partial y} = D\left(\frac{\partial^2 C}{\partial y^2} + \frac{\partial^2 C}{\partial r^2} + \frac{1}{r}\frac{\partial C}{\partial r} + \frac{1}{r^2}\frac{\partial C}{\partial r^2} \right). \tag{2.92}$$

Las condiciones de contorno son ahora

$$C = C_0 \text{ cuando } y \to \infty \tag{2.93}$$

donde C_0 es la concentración en la disolución. Para un flujo de difusión máximo, la siguiente condición prevalece en la superficie del disco:

$$C(r, \varphi, y) = 0 \text{ cuando } y = 0 \tag{2.94}$$

Si se busca una solución a la ecuación (2.92) que cumpla las condiciones (2.93) y (2.94), se obtiene de la forma

$$C = C(y) \tag{2.95}$$

es decir, se puede asumir que la concentración es función exclusívamente de la distancia al disco, por tanto independiente de r y φ, aunque se estén ignorando los efectos en el mismo borde del disco, donde esta solución no puede existir. Si se supone aplicable (2.95), se puede escribir la ecuación (2.92) como

$$v_y(y)\frac{dC}{dy} = D\frac{d^2C}{dy^2} \tag{2.96}$$

de cuya primera integración se sigue

$$\frac{dC}{dy} = a_1 \exp\left\{ \frac{1}{D}\int_0^y v_y(z)dz \right\}, \tag{2.97}$$

y en una segunda integración da

$$C = a_1 \int_0^y \exp\left\{ \frac{1}{D}\int_0^t v_y(z)dz \right\} dt + a_2 \tag{2.98}$$

Las constantes a_1 y a_2 se calculan de acuerdo con las condiciones de contorno (2.93) y (2.94), resultando que $a_2 = 0$, ya que para $y = 0$, la integral (2.98) es nula. También, como consecuencia de la condición (2.93)

$$C_0 = a_1 \int_0^{\infty} \exp\left\{ \frac{1}{D} \int_0^t v_y(z) dz \right\} dt \tag{2.99}$$

La evaluación de esta integral se acomete subdividiendo el intervalo de integración en dos regiones: una desde 0 hasta δ_0, y otra desde δ_0 hasta el infinito, donde δ_0, que viene dada en (2.91), es el espesor de la capa límite. Más allá de la capa límite, v_y viene dada por la ecuación (2.89), mientras que dentro de la capa límite, v_y varía de una forma compleja. Para valores altos del *número de Prandlt* (es decir, para $D << \nu$), la mayor variación se da en una región donde la distancia desde el disco es pequeña comparada con δ_0. Para $y << \delta_0$, v_y viene dado por la ecuación (2.90), por lo que la integral que aparece en (2.99), que representamos como J, resulta

$$J = \int_0^{\infty} \exp\left\{ \frac{1}{D} \int_0^t v_y(z) dz \right\} dt =$$

$$= \int_0^{\delta_0} \exp\left\{ \frac{1}{D} \int_0^t v_y(z) dz \right\} dt + \int_{\delta_0}^{\infty} \exp\left\{ \frac{1}{D} \int_0^t v_y(z) dz \right\} dt = J_1 + J_2$$

Empleando el valor de v_y calculado en la aproximación hecha en (2.90), se sigue para J_1

$$J_1 = \int_0^{\delta_0} \exp\left\{ -\frac{\omega^{3/2} t^3}{5.88 D \nu^{1/2}} \right\} dt .$$

Introduciendo ahora una nueva variable

$$u = \frac{\omega^{1/2} t}{\sqrt[3]{5.88} D^{1/3} \nu^{1/6}}, \tag{2.100}$$

se llega a

$$J_1 \approx \frac{\sqrt[3]{6} D^{1/3} \nu^{1/6}}{\omega^{1/2}} \int_0^{\frac{\delta_0 \omega^{1/2}}{\sqrt[3]{6} D^{1/3} \nu^{1/6}}} e^{-u^3} du = \frac{1.81 D^{1/3} \nu^{1/6}}{\omega^{1/2}} \int_0^{2\left(\frac{\nu}{D}\right)^{1/3}} e^{-u^3} du .$$

Para $\frac{\nu}{D} >> 1$, el límite superior de la integral es significativamente mayor que la unidad, y, ya que el integrando decrece rápidamente para valores del argumento mayores que la unidad, se puede sustituir el límite superior por infinito, por lo que

$$J_1 \approx \frac{1.81 D^{1/3} \nu^{1/6}}{\omega^{1/2}} \int_0^{\infty} e^{-u^3} du .$$

Luego, a causa de la rápida convergencia de la integral para $\nu >> D$, es posible usar sólo el primer término del desarrollo de v_y. Por otra parte, J_1 viene determinada principalmente por el pequeño valor de u. La integral para J_1 puede ser expresada en términos de la función Γ **[Spiegel-1996]**,

$$\int_0^{\infty} e^{-u^3} du = \frac{1}{3}\int_0^{\infty} e^{-t} t^{-2/3} dt = \frac{1}{3}\Gamma\left(\frac{1}{3}\right) = \Gamma\left(1+\frac{1}{3}\right) = \Gamma\left(\frac{4}{3}\right) \approx 0.89 .$$

Por tanto,

$$J_1 = 1.61166 \frac{D^{1/3} \nu^{1/6}}{\omega^{1/2}}$$

De una manera similar, la integral J_2 se puede calcular como

$$J_2 = \int_{\delta_0}^{\infty} \exp\left\{\frac{1}{D}\int_0^t v_y(z)dz\right\}dt = \int_{\delta_0}^{\infty} \exp\left\{-\frac{0.89\sqrt{\nu\omega}}{D}t\right\}dt =$$

$$= \frac{D}{0.89\sqrt{\nu\omega}} \exp\left\{-\frac{0.89\sqrt{\nu\omega}}{D}\delta_0\right\} \cong \frac{D}{0.89\sqrt{\nu\omega}} e^{-3\left(\frac{\nu}{D}\right)} .$$

Para $\nu >> D$, el valor de la integral J_2 es muy pequeño comparado con J_1, y puede despreciarse, luego, $J \approx J_1$, y de (2.100) se llega a

$$a_1 = \frac{C_0}{J_1} .$$

Finalmente, para una distribución de concentración que satisfaga la difusión convectiva y las condiciones de contorno, se obtiene

$$C = \frac{C_0}{J_1}\int_0^{y} \exp\left\{\frac{1}{D}\int_0^t v_y(z)dz\right\}dt = \tag{2.101}$$

$$= \frac{C_0}{1.61\left(\frac{D}{\nu}\right)^{1/3}\sqrt{\frac{\nu}{\omega}}} \int_0^{y} \exp\left\{\frac{1}{D}\int_0^t v_y(z)dz\right\}dt .$$

Para determinar C en función de la distancia desde el disco ($y = 0$) para valores pequeños de y (en comparación con δ_0), se sustituye v_y en (2.101) habida cuenta de (2.90). La ecuación para la distribución de la concentración (para $y < \delta_0$) puede escribirse de un forma más compacta

$$C = C_0 \frac{\int_0^{Y} e^{-u^3} du}{\int_0^{\infty} e^{-u^3} du}, \tag{2.102}$$

con u dada por la fórmula (2.100), e introduciendo el cambio de variable

$$Y = y / \frac{\sqrt[3]{6D^{1/3}\nu^{1/6}}}{\omega^{1/2}} \approx \frac{2y}{\delta_0}\left(\frac{\nu}{D}\right)^{1/3}.$$

La ecuación (2.102) muestra que, para valores pequeños de y, la concentración crece muy rápidamente con la distancia y (más rápidamente que exponencialmente).

En vista de la rápida convergencia de la integral para $Y > 1$, es decir, para $y > \frac{1}{2}\left(\frac{D}{\nu}\right)^{1/3} \delta_0$, Y puede reemplazarse por infinito, y el valor de la concentración en (2.102) se reduce a C_0 (es decir, a la concentración de la disolución).

Derivando (2.102) se obtiene la ecuación de flujo de masa a través de la membrana **[Levich-1962]**, resultando

$$j = D\left(\frac{\partial C}{\partial y}\right)_{y=0} = \frac{DC_0}{0.89} \frac{\omega^{1/2}}{\sqrt[3]{6D^{1/3}\nu^{1/6}}} = \frac{DC_0}{1.61\left(\frac{D}{\nu}\right)^{1/3}\sqrt{\frac{\nu}{\omega}}} = \tag{2.103}$$

$$= 0.62 D^{2/3} \nu^{-1/6} \omega^{1/2} c_0.$$

Para el espesor de la capa límite de difusión se tiene la expresión:

$$\delta = \frac{DC_0}{j} = 1.61\left(\frac{D}{\nu}\right)^{1/3}\sqrt{\frac{\nu}{\omega}} \approx 0.5\left(\frac{D}{\nu}\right)^{1/3} \delta_0, \tag{2.104}$$

la cual concuerda con (2.72), pero a diferencia de ella, contiene un coeficiente numérico. El mayor cambio en la concentración se encuentra en la región del espesor de la capa límite. Para valores normales del coeficiente de difusión D 10^5 cm^2/s en agua, y para ν 10^2 cm^2/s, el espesor de la capa límite δ supone sólo un 5% del espesor de la capa de contorno hidrodinámica, δ_0, lo que justifica totalmente el empleo de (2.90) para v_y.

Una característica significativa de la capa límite de difusión en el disco rotatorio es el hecho de que el espesor no es función de la distancia al eje de rotación, sino que es constante en toda la superficie del disco.

La ecuación (2.104) muestra que el flujo de difusión a través de la membrana es proporcional al coeficiente de difusión elevado a 2/3, a la viscosidad cinemática elevada a -1/6, y a la raíz cuadrada de la velocidad angular. Por tanto, de la representación gráfica del flujo en función de la velocidad angular elevada a ½, se obtiene una función lineal, de la que a través de su pendiente, se puede obtener el valor del coeficiente de difusión, conocida la viscosidad cinemática.

2.3 MODELIZACIÓN DEL TRANSPORTE PARA UNA CÉLULA DE DIFUSIÓN ROTATORIA (CDR).

La ecuación de Levich (2.103) **[Levich-1962]** obtenida en el apartado anterior, permite obtener parámetros importantes para la caracterización de la membrana como el coeficiente de difusión y el espesor de la capa límite **[García-2005, García 2007]**. Aún así, se pretende establecer en este apartado un modelo teórico que permite la caracterización de una membrana selectiva integrada en un sistema bi-iónico, como elemento separador entre sendas disoluciones acuosas de tipo electrolítico, con un anión común y cationes diferentes. Dicha caracterización se efectúa mediante el estudio y determinación de las tasas de transporte de dichos iones en un dispositivo de célula rotatoria, que presenta la ventaja de permitir el establecimiento de unas condiciones hidrodinámicas controladas en régimen laminar para el sistema de membrana, en el que las capas límite de difusión en contacto con la membrana mantienen un espesor uniforme **[Albery-1981, Spiro-2000]**.

La célula de difusión rotatoria permite estudiar la cinética y la transferencia interfacial a través de un sistema de membrana hidrodinámicamente estable **[Kralj-2002]**, que puede caracterizarse mediante la determinación de flujos y su dependencia con la velocidad de rotación de la membrana, lo que también podrá utilizarse para distinguir entre

transporte controlado por la membrana o por las capas límite de difusión **[Osseo-Asare-1989]**. En este capítulo se establece un modelo teórico que permite el estudio de la difusión de iones a través de membranas selectivas integradas en sistemas bi-iónicos, mediante la determinación de coeficientes de difusión iónicos en cada uno de los elementos del sistema y el espesor de las capas límite.

2.3.1 Permeabilidad del sistema de membrana y coeficientes de difusión.

El sistema de membrana está formado por la membrana propiamente dicha y las capas límites de difusión (de espesores δ_0 y δ_i para los compartimentos exterior e interior respectivamente), situadas a uno y otro lado de la membrana (Figura 2.5). Los coeficientes de difusión del contraión en la capa exterior, en la membrana y en la capa interior se denotan por D_o , D_m y D_i, siendo i = interior, o = exterior, m = membrana, mientras que el coeficiente de partición entre las disoluciones acuosas y la membrana viene dado por

$$K_m = \frac{C_{mem}}{C_{sol}} = \frac{\overline{C}_{i,m}}{C_{i,m}} = \frac{\overline{C}_{o,m}}{C_{o,m}}$$

En el estado estacionario el flujo J del contra-ión (iones-gramo/s) es el mismo a través de todas las fases e interfases del sistema de membrana, de modo que si A es el área de exposición de la membrana, la *ley de Fick* aplicada a cada componente de dicho sistema, permite escribir

$$\begin{aligned} J &= -\frac{d(C_i V_i)}{dt} = \frac{AD_i(C_i - C_{im})}{\delta_i} = \\ &= \frac{\alpha A D_m K_m (C_{im} - C_{om})}{d_m} = \frac{AD_0(C_{om} - C_0)}{\delta_0} = \frac{d(C_0 V_0)}{dt} \end{aligned} \qquad (2.105)$$

donde α es la porosidad de la membrana [Koter-2000] , que representa el área libre para el transporte en la misma, V_j el volumen del compartimento j (con j=o,i,m) y C_j la concentración en el mismo.

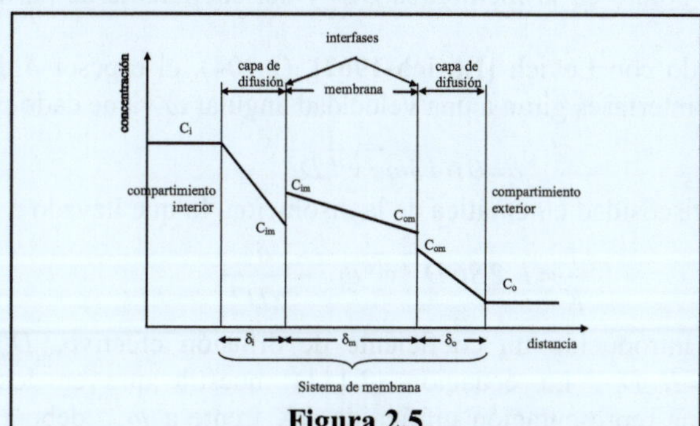

Figura 2.5
Perfil de concentración en el sistema de membrana y en las disoluciones externas.

De (2.105) se puede despejar C_{im} y C_{om} en función de J resultando

$$C_{im} = C_i - \frac{J\delta_i}{AD_i}, \qquad C_{om} = C_o + \frac{J\delta_o}{AD_o} \tag{2.106}$$

lo que llevado a la ecuación del flujo para la membrana permite obtener J en términos de la diferencia de concentración a través del sistema de membrana

$$J = \alpha A K_m \frac{D_m}{d_m}\left[(C_i - C_o) - \frac{J}{A}\left(\frac{\delta_i}{D_i} + \frac{\delta_0}{D_0}\right)\right] \Rightarrow$$

$$J = \left[1 + \frac{\alpha K_m D_m}{d_m}\left(\frac{\delta_i}{D_i} + \frac{\delta_0}{D_0}\right)\right] = \alpha A K_m \frac{D_m}{d_m}(C_i - C_0) \Rightarrow$$

$$J = AK(C_i - C_0) \tag{2.107}$$

siendo K es la permeabilidad del sistema de membrana, que viene dada por

$$\frac{1}{K} = \frac{1}{\alpha K_m} \frac{\delta_m}{D_m} + \frac{\delta_i}{D_i} + \frac{\delta_0}{D_0} \tag{2.108}$$

Para disoluciones diluidas se puede suponer que $\delta_i = \delta_0 = \delta$ y $D_i = D_o = D$, y así

$$\frac{1}{K} = \frac{2\delta}{D} + \frac{\delta_m}{\alpha K_m D_m} \tag{2.109}$$

El primer término del segundo miembro de esta ecuación corresponde a la difusión a través de las capas límites de difusión, mientras que el segundo describe la difusión a través de la membrana, en términos del coeficiente de difusión del soluto en la membrana D_m y del coeficiente de partición K_m ya definido.

De acuerdo con Levich **[Levich-1962]**, (2.104), el espesor δ de una capa límite cuya interfases giran a una velocidad angular ω viene dado por

$$\delta = 0{,}643\,\omega^{-\frac{1}{2}} \nu^{\frac{1}{6}} D^{\frac{1}{3}} \tag{2.110}$$

siendo ν la viscosidad cinemática de la disolución, lo que llevado a (2.109) da

$$\frac{1}{K} = 1.286\,D^{-\frac{2}{3}} \nu^{\frac{1}{6}} \omega^{-\frac{1}{2}} + \frac{\delta_m}{\alpha D_m^{ef}} \tag{2.111}$$

habiéndose introducido un coeficiente de difusión efectivo, D_m^{ef}, definido como $D_m^{ef} = K_m D_m$. La ecuación (2.111) muestra que en los supuestos asumidos, una representación gráfica de $1/K$ frente a $\omega^{-1/2}$ deberá ajustarse a una línea recta con pendiente igual a $1{,}286\,D^{-\frac{2}{3}} \nu^{\frac{1}{6}}$ y una ordenada en el origen $\frac{\delta_m}{\alpha D_m^{ef}}$. Extrapolando el resultando anterior para una velocidad de giro infinita ($\omega^{-1/2} \to 0$), el espesor δ tendería a cero, de modo que

$$\frac{1}{K} \rightarrow \frac{1}{K_o} = \frac{\delta_m}{\alpha D_m^{ef}} \tag{2.112}$$

2.3.2 Determinación de la permeabilidad del sistema de membrana.

De las ecuaciones (2.104) y (2.107) se sigue inmediatamente que

$$\left.\begin{aligned} J &= -\frac{V_i}{A}\frac{dC_i}{dt} = KA(C_i - C_o) \\ J &= +\frac{V_o}{A}\frac{dC_o}{dt} = KA(C_i - C_o) \end{aligned}\right\} \Rightarrow \left\{\begin{aligned} \frac{dC_i}{dt} &= -\frac{KA^2}{V_i}(C_i - C_o) \\ \frac{dC_o}{dt} &= -\frac{KA^2}{V_o}(C_i - C_o) \end{aligned}\right. \tag{2.113}$$

ecuaciones diferenciales que restadas, conducen a

$$\frac{d\Delta C}{dt} = -K\beta^2 \Delta C \text{ donde} \left\{\begin{aligned} &\Delta C = C_i - C_0 \\ &\beta^2 = A^2\left[\frac{1}{V_i} + \frac{1}{V_0}\right] > 0 \end{aligned}\right. \tag{2.114}$$

siendo ΔC la diferencia de concentración a través del sistema de membrana (Figura 2.5) y β^2 una constante de la célula que depende del área de exposición de la membrana y el volumen de disolución a uno y otro lado de la misma (V_1 y V_2).

La integración de (2.114) da la ecuación para la transferencia de masa, plasmada a través de la evolución temporal de la diferencia de concentraciones a través del sistema de membrana

$$-ln\frac{\Delta C(t_2)}{\Delta C(t_1)} = K\beta^2 \Delta t \tag{2.115}$$

donde $\Delta C(t_2)$ e $\Delta C(t_1)$ son las diferencias de concentración en los instantes t_2 y t_1 respectivamente, e $\Delta t = t_2 - t_1$.

La ecuación (2.115) se puede expresar en función de la concentración en uno de los compartimentos del sistema. Así, con relación a la concentración instantánea en el compartimiento exterior $C_0(t)$ y en el supuesto de estado estacionario y considerando que el volumen de la membrana es pequeño con relación al de las disoluciones adyacentes en general y en particular respecto al volumen del compartimiento exterior, la conservación de la masa del soluto en el sistema, permite escribir para cualquier instante t que

$$C_i(t)V_i = C_o(t)V_o \Rightarrow \Delta C = \left(\frac{V_o}{V_i} - 1\right)C_o(t) \Rightarrow ln\frac{\Delta C(t_2)}{\Delta C(t_1)} = ln\frac{C_o(t_2)}{C_o(t_1)}.$$

De esta manera la ecuación (2.115) se puede expresar en la forma

$$ln[C_o(t_2)] = -K\beta^2 \Delta t + ln[C_o(t_1)] \qquad (2.116)$$

por lo que el estudio de la concentración en el lado exterior de la membrana en función del tiempo permite determinar la permeabilidad del sistema de membrana K, a partir de la pendiente de la línea recta que, de acuerdo con este modelo, se obtendría al representar $ln[C_o(t)]$ frente a t, desde un cierto instante t_1. En la práctica se observa que tal dependencia lineal sólo se da una vez transcurrido un tiempo de experimento tal que se garantiza una situación de régimen estacionario.

Conocidos los valores de K a diferentes velocidades de giro y temperaturas, de la ecuación (2.112) se siguen los valores de los coeficientes de difusión, D y D_m^{ef}, conocidos α y δ_m, en las condiciones consideradas.

2.3.3 La concentración de la disolución exterior en función del tiempo.

La conservación de la masa para el contra-ión en del sistema de membrana requiere

$$C_i^o\left[V_i^o + \delta_i A\right] = C_i V_i + \delta_i \frac{(C_i + C_{im})}{2} A + \frac{d_m \alpha A}{2} K_m (C_{im} + C_{om}) + \delta_o \frac{(C_o + C_{om})}{2} A + C_o V_o$$

que habida cuenta de las ecuaciones (2.107) y (2.108) se reduce a

$$C_i^o\left[V_i^o + \delta_i A\right] = C_o\left[V_i^* + V_o^* + d_m \alpha K_m A\right] + \frac{J}{AK_m}\left(V_i^* + \frac{d_m}{2}\alpha A K_m\right) \qquad (2.117)$$

donde $V_j^* = \left[V_j + \delta_j A\right], (j = o, i)$ es el volumen total de disolución en cada compartimento.

En el supuesto de constancia de volúmenes en el experimento $V_i = V_i^o$, y así

$$C_i^o = C_o\left[V_i^* + V_o^* + d_m \alpha K_m A\right]\frac{1}{V_i^*} + J\left(\frac{1}{AK_m} + \frac{d_m \alpha}{2V_i^*}\right) \qquad (2.118)$$

Dado que $J = V_o(dC_o/dt)$, la ecuación anterior se convierte en

$$\frac{dC_o}{dt} + PC_o = Q \text{, donde } \begin{cases} Q = C_i^o \Big/ \left[\dfrac{V_o}{A}\left(\dfrac{1}{K_m} + \dfrac{d_m A \alpha}{2V_i^*}\right)\right] \\ P = \dfrac{V_i^* + V_o^* + d_m \alpha A K_m}{\dfrac{V_0}{A}\left(\dfrac{1}{K_m} + \dfrac{A d_m \alpha}{2V_i^*}\right)} \end{cases} \qquad (2.119)$$

cuya solución es

$$C_o(t) = \frac{Q}{P}\left[1 - e^{-Pt}\right] \qquad (2.120)$$

habiendo supuesto que $C_o(0)=0$ y que da cuenta de un comportamiento exponencial de la concentración exterior con el tiempo. En esta última ecuación puede verse que si $t\rightarrow\infty$, entonces $C_o \rightarrow C_o^{\infty} = Q/P$, siendo C_o^{∞} la concentración cuando $t\rightarrow\infty$, por lo que la ecuación puede ser reescrita de la forma

$$P\,t = ln\left[\frac{C_o^{\infty}}{C_o^{\infty} - C_o}\right] \qquad (2.121)$$

Para valores pequeños de *t*, la ecuación (2.120) se reduce a

$$C_0(t) \cong Q(t) \qquad (2.122)$$

por lo que en estas condiciones la gráfica de $C_0(t)$ frente a *t* resulta una línea recta de pendiente *Q*.

En el caso de disoluciones muy diluidas y/o membranas selectivas de carga eléctrica pequeña, se puede tomar $C_i=0$, por lo que la ecuación del flujo a través de la capa límite de difusión interior se reduce a

$$J = \frac{D}{\delta}C_o \cong 1{,}55 \cdot D^{\frac{2}{3}} \nu^{-\frac{1}{6}} \omega^{\frac{1}{2}} \qquad (2.123)$$

pudiéndose determinar el coeficiente de difusión *D* en las capas límite, a partir de la correlación entre *J* y $\omega^{1/2}$.

LA CDR Y LA CARACTERIZACIÓN DE LAS MEMBRANAS. DISPOSITIVO EXPERIMENTAL.

3.1 INTRODUCCIÓN

La célula de difusión rotatoria (CDR) **[Osseo-1989]** permite estudiar la cinética y la transferencia interfacial a través de un sistema de membrana hidrodinámicamente estable, que puede caracterizarse mediante la determinación de flujos y su dependencia con la velocidad de rotación de la membrana, lo que también podrá utilizarse para distinguir entre transporte controlado por la membrana o por las capas límite de difusión [**Kralj-2002**]. En el Capítulo 2 se ha establecido un modelo teórico que permite el estudio de la difusión de iones a través de membranas selectivas integradas en sistemas bi-iónicos, mediante la determinación de coeficientes de difusión iónicos en cada uno de los elementos del sistema y el espesor de las capas límite. En éste se presenta el dispositivo experimental que permite dicha caracterización, cuyos resultados se mostrarán el Capítulo siguiente.

3.2 DISPOSITIVO EXPERIMENTAL

El dispositivo consta de una CDR, en la que separadas por una membrana intercambiadora, se introducen sendas disoluciones electrolíticas con el mismo anión (en nuestro caso NaCl o $CaCl_2$, con HCl). La CDR utilizada permite seleccionar la velocidad de giro del cilindro interior, y un baño termostatado, cuyo circuito se aplica al cilindro exterior, permite realizar el proceso a distintas temperaturas de forma que se puede repetir el mismo experimento a distintas velocidades de giro y temperaturas y así conocer la variación de los resultados respecto a estos parámetros.

3.2.1 Espesor y porosidad de la membrana.

La membrana utilizada es una membrana catiónica *Ionics* modelo *CR61AZL*, por lo que impide el paso de los aniones y favorece el paso a su través de los cationes.

Utilizando técnicas microscópicas, se puede estudiar con detalle la membrana utilizada en las experiencias que en este trabajo se describen. En concreto, se ha utilizado un metalizador *SEM COATING SYSTEM, BIO-RAD*, de la *Polaron Division*, con un espesor aproximado de la película de *300 Å*, un microscopio de barrido *JSM-6100 Sacnning Microscope, JEOL-6100,* mientras que para la captura digital de imágenes se ha empleado el sistema

INCA de la casa comercial *OXFORD*. Dos de las magnitudes importantes a determinar para su uso posterior fueron la porosidad y el espesor de las mismas. La Figura 3.1 muestra una fotografía microscópica realizada de la membrana, en la que se puede apreciar algunos poros de la misma.

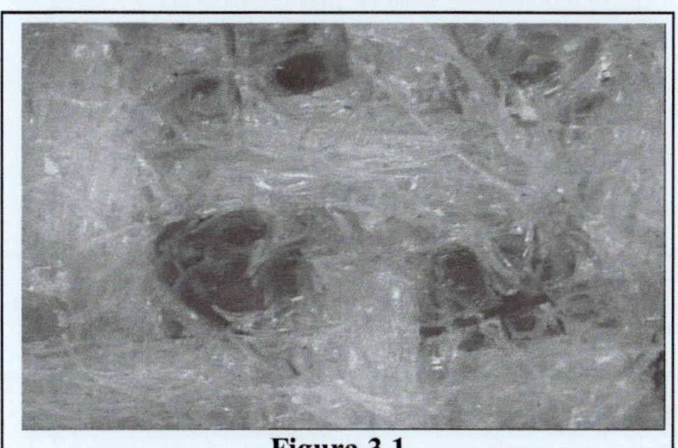

Figura 3.1
Poros de una sección de la membrana Ionics utilizada.

Para calcular la porosidad (α) de la membrana, es conveniente utilizar una sección mayor de la misma para calcular la densidad de poros que hay en esa área seleccionada. La porosidad de la membrana se define como la relación entre el área de poro efectiva que hay en una determinada sección de la membrana, y el área de dicha sección ($\alpha = \frac{A_{poroefectiva}}{A_{membrana}}$). La Figura 3.2 muestra un área de 119,7 mm^2 en el que se recogen 132 objetos, por lo que la densidad de poros es de 1,10 poros/mm^2. Puesto que el radio de cada poro es de 0,35 mm, y, por tanto, el área de cada poro de 0,38 mm^2, se obtiene un valor de la porosidad de α = 0,0035 poros/mm^2.

En cuanto al espesor de la membrana, éste se midió en distintos puntos del corte transversal, considerando como valor para el mismo el promedio de los valores obtenidos en los diferentes puntos de medida (Figura 3.3). Con los resultados en los cinco puntos señalados, y haciendo el promedio, resulta un valor de 517 μm para el espesor medio de las membranas utilizadas.

3.2.2 Célula de difusión rotatoria (CDR)

La célula de difusión rotatoria fue introducida por J. Albery en 1976 **[Albery-1976]** para investigar los procesos de transporte en sistemas bifásicos y consta de dos cilindros: uno interior rotante que se introduce dentro de otro exterior estacionario. El cilindro rotante gira con una velocidad angular comandada por la acción de un motor síncrono controlado electrónicamente, por lo que es posible controlar su velocidad angular.

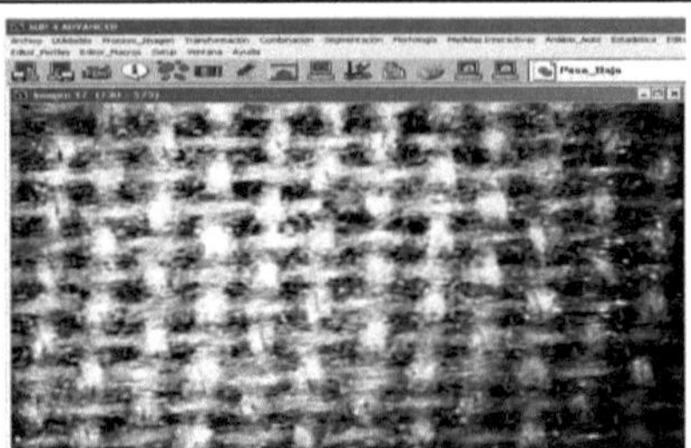

Figura 3.2
Poros de una sección de la membrana Ionics utilizada. con una sección de 119.7 mm^2.

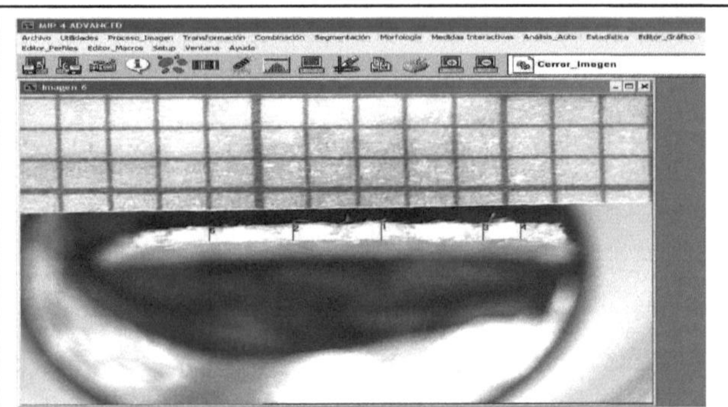

Figura 3.3
Imagen de corte transversal de la membrana en la que se señala los puntos donde se ha medido su espesor.

Uno de los problemas que tradicionalmente plantea los procesos de difusión es que se trabaja normalmente bajo condiciones turbulentas y sobre todo, que las capas límite en la superficie de la membrana pueden no ser uniformes y de dimensiones no accesibles directamente. Sobre el particular, se ha registrado algunos trabajos para estimar espesores de capas límite mediante determinaciones de carácter cinético **[Rollet-2000]**.

La ventaja que ofrece la CDR es que permite caracterizar el área de contacto con la membrana, así como la difusión de las distintas especies transportadas **[Osseo-Asare-1989, Hoggard-2005]**. Además, la hidrodinámica puede ser controlada en régimen laminar, mientras que las capas límite en la superficie de la membrana pueden mantenerse uniformes y pueden describirse cuantitativamente **[Molloy-2008]**.

La Figura 3.4 muestra el esquema de nuestra CDR. La membrana se sitúa en la parte inferior del cilindro rotante, el cual se introduce en la cámara exterior. El contenedor de la membrana es una "tapadera" que se une al resto del cilindro mediante rosca, y que en su centro posee una abertura, a cuyo través, la membrana entra en contacto con la disolución exterior. Se dispuso de varios tipos de portamembranas, cada uno de ellos con distintas aberturas, de manera que se puede seleccionar el área de exposición de la membrana según convenga. La Figura 3.5 muestra una fotografía de la CDR utilizada.

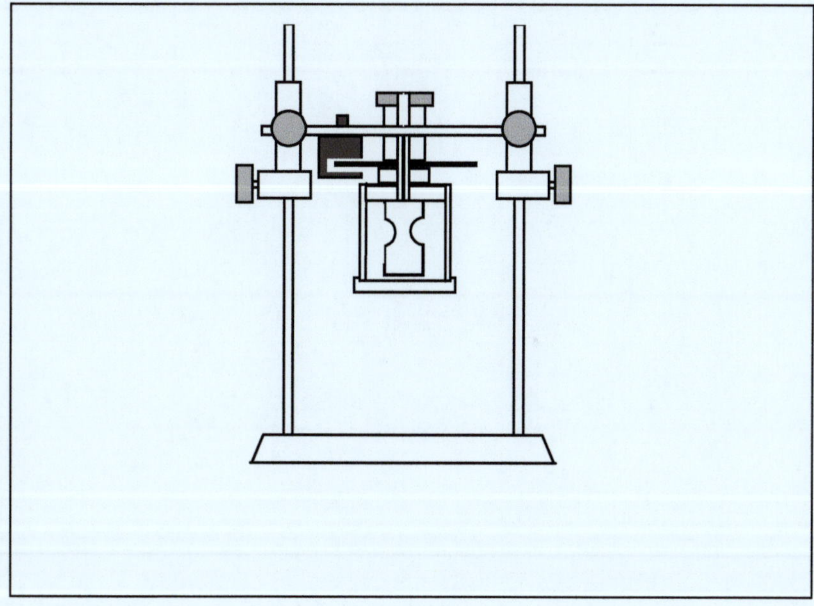

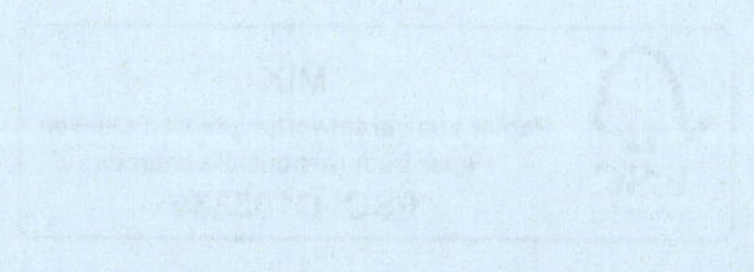

Printed by Books on Demand GmbH, Norderstedt / Germany